玻璃手工艺设计系列

"潮" 设计

全球吹制玻璃艺术

赵婷婷 著

U0221029

化学工业出版社

·北京·

内 容 提 要

　　本书是设计与工艺相结合的图书。本书以艺术角度追求专业技艺，从玻璃材质本身的特性、艺术原理出发，以与自然共生为主干，以技法为线索贯穿全书。通过阐述观念、造型、技术的价值，探索设计功能、审美层面与技术突破的完美结合，使设计师对玻璃的控制达到极致。

　　本书主要的读者对象为建筑设计、空间设计、软装设计、产品设计和工业设计人员，装饰策划公司及施工单位设计师，建筑玻璃、日用玻璃社团管理层，相关专业高等院校教师和研究生群体。

图书在版编目（CIP）数据

　　"潮"设计：全球吹制玻璃艺术 / 赵婷婷著 . —北京：
化学工业出版社，2017.12
　　ISBN 978-7-122-30784-2

　　Ⅰ.①潮… Ⅱ.①赵… Ⅲ.①艺术玻璃–吹制法
Ⅳ.①TQ171.76

　　中国版本图书馆 CIP 数据核字（2017）第 253349 号

責任编辑：李仙华　窦　臻　　　　　　　　　　　装帧设计：张　辉
責任校对：边　涛

出版发行：化学工业出版社（北京市东城区青年湖南街13号　邮政编码100011）
印　　装：天津图文方嘉印刷有限公司
880mm×1230mm　1/16　印张7½　字数165千字　2020年8月北京第1版第1次印刷

购书咨询：010-64518888　　　　　　　　　　　　　售后服务：010-64518899
网　　　址：http://www.cip.com.cn
凡购买本书，如有缺损质量问题，本社销售中心负责调换。

定　　价：68.00元

序

晶莹的玻璃料，经过火的雕塑，变得异彩纷呈、光彩夺目，可以让人浮想联翩，直达心灵。在行业人眼里，世间最美是玻璃，玻璃可以塑造万物。玻璃手工艺术就是通过不同的设计思路、造型方式及材料语言，把它的风采展示得淋漓尽致。

近年来，玻璃产业坚定不移地走转型升级、创新驱动之路，努力做大做强，着力构建有特色的现代产业体系。在新的历史环境下，抢抓机遇，乘势而上，形成紧密型利益关联体和经营实体，提高了产业集中度和市场竞争力，在产业集群发展上探索出了一条新路子，对产业转型升级、集聚发展发挥了有力的带动和引领作用。玻璃产业强化了"创新、融合、带动"的三大功能，进一步整合了生产要素，加大了品牌培育力度，提升了行业话语权，真正把玻璃文化塑造成为国际领先、国内一流的产业新标杆。在政府的大力支持下，致力于推进企业的品牌化、国际化，组建经济联合体，以"资源共享，优势互补"为核心，整合玻璃相关企业。通过各个集团与政府之间的共同探索与发展，对内，实现集团内部的团结共赢；对外，打响中国玻璃艺术的品牌效应。

本书归纳了玻璃手工艺术的几大特征：

（1）越简单，越难；

（2）越自然，越真；

（3）越现代，越潮；

（4）越实践，越巧；

（5）越挑战，越精；

（6）越细腻，越灵；

（7）越遐想，越奇。

本书作者通过对中国传统的玻璃艺术和世界现代玻璃艺术的研究，力图用简约的方式和语言表达玻璃手工艺术的无穷魅力，通过冷与暖、光影和色彩的更替变化，诠释玻璃的通透、纯净与自然。本书是引领新的材料设计创作思潮的难得的精品。建议玻璃手工艺术创作者要施展丰富的想象，用情感、智慧和创造力去感受、挖掘，并通过一丝不苟、精益求精和追求完美的技术去完成创作。

原中国日用玻璃协会理事长

前　　言

中国中原最早的古玻璃为含碱钙硅酸盐玻璃，以草木灰中氧化钾为助熔剂，从原始瓷釉演变而来，属中国自己制造，起源于春秋战国之交。之后玻璃与青铜冶炼和炼丹术密切有关，在战国时采用氧化铅(红丹为原料)和氧化钾(硝石为原料)为主要助熔剂，制造出我国独有的铅钡硅酸盐玻璃和钾硅酸盐玻璃，到汉代已传播中国各地，最远到新疆的和田和内蒙古的扎赉诺尔地区，以及云南、四川西南地区。对外铅钡硅酸盐玻璃和钾硅酸盐玻璃也传至日本、朝鲜和东南亚地区。

不同的玻璃作品通过不同的造型方式及材料语言，表现冷与暖、光影与色彩的更替变化，用玻璃的通透和纯净等特有的语言诠释自然。玻璃是手工艺术，要付诸它情感、智慧和创造力。在从无到有的创作过程中，需要大量的时间和精力去感受它，抚摸它，与它建立起情感的共鸣与对话，然后加上一丝不苟和追求完满的精神，这恰恰就是好的手工艺术的魅力，每一步制作都呈现出人性的温暖，值得人们用心去创造和延续。

本书是设计与工艺相结合的图书，用高雅的审美情趣和雅致的艺术品位，追求专业技艺，从玻璃材质本身的特性、艺术原理出发，以与自然共生为主干，以技法为线索贯穿全篇。通过阐述观念、造型、技术的价值，探索设计功能、审美层面与技术突破的完美结合，挑战不可思议的未知领域，使设计师对玻璃的控制达到极致。

本书以极简、简约为主导思想。传统艺术追求崇高的理想，几至回归自然；现代艺术追求自在的样式，直到几何图案。玻璃设计是与商业息息相关的，设计的目的不仅仅是美，更重要的是提升价值。当今的设计，除了需要技术之外，还要能为设计注入灵魂，培养跨学科研究的设计思维。

玻璃艺术设计属于空间和软装的组成部分，设计师要预测和推广未来五至十年的潮流设计趋势，本书具有全球化视野，为空间设计、软装设计、工业设计、地方产业与艺术审美提供一种简约的、清晰的、品位优雅的思维启发。

本书由广东技术师范大学资助出版。本书提供了部分关于玻璃的资源，如玻璃艺术协会、玻璃艺术中心、机构和材料供应商等，可登录www.cipedu.com.cn免费获取。

本书在编写过程中，参考了相关的文献和资料，在此谨向这些作者表示衷心感谢！由于时间紧迫，编者水平有限，书中难免存在不足之处，敬请读者批评指正。

赵婷婷

2017年11月

目　　录

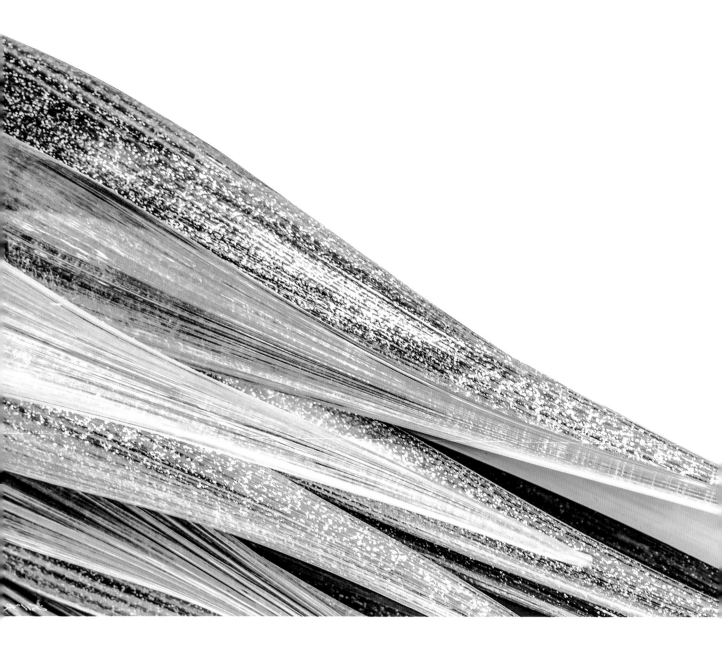

01

第一章
"潮"吹制——威尼斯玻璃

玻璃是人类历史上最古老、最迷人的材料之一，内敛而又炫目，冷酷而又平滑。玻璃的魅力不仅因为它得天独厚的透明材质，更来自其内在的优雅，它轻便又耐腐蚀。从约公元前3700年到21世纪，玻璃发生了令人惊奇的蜕变。在没有玻璃的时代，窗户外面的世界是模糊的；玻璃出现之后，人们便可以在室内欣赏大自然风景。玻璃可以说是人与自然争夺空间最好的武器，它使人融入自然、回归自然。

威尼斯玻璃是世界上设计精湛、技艺高超的手工玻璃的杰出代表。

玻璃工艺发源于以埃及、叙利亚和巴勒斯坦等为代表的中东地区部分国家，后来流入威尼斯和欧洲大陆。9世纪的威尼斯是一个拥挤的城市，房屋和建筑物大部分是木制的。1201~1204年，生活在拜占庭王朝的玻璃匠人逃亡到威尼斯，很快在威尼斯市中心建立起自主生产高品质玻璃的区域。由于威尼斯统治者担心玻璃工厂危害到市中心房屋安全，同时为了防止玻璃工匠与外国人交流，因此下令将工厂迁到一英里以外的穆拉诺岛，玻璃制造业在穆拉诺岛获得重生。

14世纪，穆拉诺岛开始出口玻璃制品，包括玻璃珠、玻璃镜、玻璃灯等，成为威尼斯可观的经济来源。15世纪末，威尼斯的玻璃制作技术得到发展和完善。玻璃工艺是威尼斯最严防谨守的秘密，玻璃制作技术采取父子传承方式。到16世纪，岛上几乎一半的人口参与了玻璃制造业，他们的工艺技术高超，几乎垄断了市场。威尼斯自此确立了世界玻璃深加工的中心地位。

威尼斯玻璃是世界上设计精湛、技艺高超的手工玻璃的杰出代表，它的种类丰富多彩，在世界玻璃史上占有重要地位。几个世纪以来，穆拉诺岛的工匠们不断改进玻璃制作工艺，创造出蕴含着生命力量的威尼斯玻璃艺术，折射出伟大的艺术境界。

威尼斯玻璃是工匠们百年创新的产物，其独特的美感集中体现了意大利的精细艺术，是意大利文化的重要价值体现。几千年来，世界顶级的玻璃艺术品，几乎都产自威尼斯穆拉诺岛。穆拉诺岛的玻璃制造业为威尼斯赢得了世界声誉，因此威尼斯也被称为玻璃群岛。

穆拉诺岛的玻璃制造业称雄欧洲几个世纪。14～16世纪意大利文艺复兴时期的威尼斯玻璃艺术，全面继承了欧洲传统手工艺精华，受到以萨珊王朝为代表的前伊斯兰风格的影响，东西方交流催生了欧洲玻璃最为辉煌的鼎盛时期。玻璃工匠们很快成为岛上显赫的公民，被允许佩剑并享有豁免权，玻璃工匠的女儿可以嫁入豪门或和皇室贵族通婚。由于这些玻璃工匠对威尼斯如此重要，因此他们被禁止离开威尼斯，然而仍然有人冒险迁往英国、荷兰、法国等，玻璃制造技术由此逐渐传播开来。

01.
    02.

01. 意大利穆拉诺岛
02. 高脚酒杯 约1890年 （意大利）

当穆拉诺岛的玻璃制造业以强大优势领跑欧洲其他国家的玻璃制造业两百多年后，至18世纪有了明显下滑。穆拉诺岛突变的政治局势导致玻璃制造业在欧洲其他国家得以发展。穆拉诺岛动荡的经济导致大量企业破产，工人失业；法国和奥地利的入侵，使苦苦挣扎的威尼斯经济雪上加霜。

19世纪后期，结合欧洲国家的流行趋势，穆拉诺岛的玻璃制造业开始了第二阶段的复苏，恢复了15～17世纪的艺术风格，同时创建了一所研究威尼斯古老玻璃标本的附属学校与博物馆。宛如浴火重生的凤凰，当时的威尼斯玻璃工艺强大，代表了手工玻璃制作的巅峰技术，受到国王、教皇和商人的青睐。

威尼斯玻璃制造工艺精湛，在玻璃材料中加入金属成分，使玻璃制品不易破碎，即使不小心掉在地上，也完好无损。在玻璃原料中加入一定比例的石英，制成水晶玻璃，成品晶莹剔透、光彩夺目，透光性极强，更能衬托华丽家居的高贵。

几个世纪以来，穆拉诺岛的玻璃工匠们不断改进玻璃制作工艺，掌握了使玻璃脱去烟色、着色技术和在玻璃上镀金上釉的方法。采用古老而独特的配方把不同燃点的天然矿物质熔在一起，以水晶为原料，制作的时候先用高温将水晶熔化，然后用嘴吹出外形，在水晶降温的过程中，将金箔、银箔以及各种色料溶入水晶里面，使其光泽度更高，各种色彩之间用特殊的油脂来间隔，每一道色泽都来自于偶然；每个工匠的制作手法和使用工具不同，使得手工艺品更具魅力。

　　威尼斯水晶玻璃是世界知名的玻璃品种，通常被称为"Cristallo"，译为克里斯太罗，由著名的玻璃制造世家安吉洛的Barovier发明。这种Cristallo材料制造的玻璃器皿晶莹剔透引人入胜，所制成的精美酒杯供不应求。

　　16世纪初，穆拉诺岛的玻璃师在无色透明的玻璃原料中，加入一定配方制造出色彩鲜艳的玻璃，比如在玻璃中掺入铜或钴的化合物，制造蓝色玻璃。著名的威尼斯血红玻璃是按秘方掺入黄金制成的，硅是重要的原料，光作为熔化过程中的催化剂，把钠混合物添加到玻璃表面使其不透明，而硝酸盐的添加可以消除泡沫。穆拉诺岛的玻

璃师还发明了将多层不同颜色的玻璃融合塑造混色玻璃的技术，制造出多种多样高质量的玻璃，如水晶玻璃、彩釉玻璃、金丝玻璃、金红混色螺纹玻璃、多彩玻璃、乳白玻璃和仿宝石玻璃等，并制造了带花边装饰的乳白色仿瓷玻璃。

　　威尼斯玻璃成为威尼斯与东方贸易中贵重的商品，为当时的威尼斯共和国带来了巨大的财富。17世纪初到18世纪末，金色和红宝石色调的威尼斯玻璃最受欢迎，成为许多博物馆青睐的收藏品。

　　在这个面积仅为4.59 平方公里的穆拉诺岛上，约有100家玻璃厂，制造玻璃的工厂、作坊、玻璃商店随处可见。在穆拉诺岛，所有玻璃制品全是手工制造，玻璃被人们倾注了更多生命的热情，它糅合了花的清新、钻石的光泽以及典雅的设计，令人沉醉于一片色彩斑斓的浪漫天地之中。如彩色玻璃天顶，仿真玻璃糖果，用玻璃制作的鱼虾蟹龟、飞禽走兽、书签、拆信刀、药盒、首饰、家具、酒具、烟斗、水果、花瓶、天使烛台、吊灯、醒酒器，以及光洁鲜亮的玻璃餐具、真假难辨的玻璃花，透着中世纪的贵族气息。不同色系风情各异，仅玻璃灯就有大运河、卡萨诺瓦、弗洛拉、拉古纳、里亚尔托、Serenissima等系列。名贵之作大都镶有24K金，一些制品还可以在阳光下变幻色彩。

如果你正在寻找一款适合正式场合的，或独具个人风格的，一种梦想中的时尚配饰，那么威尼斯玻璃饰品是最佳的选择之一。威尼斯玻璃饰品包括吊坠、金链、银链、各种珠链、千花耳环、千花戒指、手表、发夹、袖扣、胸针等，这些饰品充分运用金箔、绿松石、银与玻璃结合。以袖扣为例，它起源于古希腊，是14～17世纪的文艺复兴时期到巴洛克时期欧洲广为流行的男士装扮饰品。漂亮的袖扣适合搭配各式衣服，从诞生起就被赋予了贵族的光环。袖扣材质一般选择贵重的金、银、水晶、钻石、宝石等与玻璃结合，因此它的价格不菲，一般在几百元到上万元不等。

威尼斯手工蕾丝制品和彩绘玻璃都产自穆拉诺岛。其中最著名的一件玻璃制品叫"巴罗维耶杯"，它是15世纪的一种婚礼用杯，周身用蓝色玻璃制成，镶有瓷漆装饰，古朴典雅、无与伦比。除此之外，还有一种用很纤细的玻璃棒切成片的干花工艺，被加工成挂饰。18世纪，小岛上出现了用精细的手工和高难度技巧编织的

蕾丝花纹玻璃，不过随后却突然消失了，直到19世纪末，一些用古老技法编织的蕾丝玻璃才出现。威尼斯玻璃就是如此使人迷醉，人们的心情也随着斑驳的光影跌宕起伏。

早期玻璃制作工艺以镀金珐琅彩绘为代表，中期出现全透明水晶玻璃制作工艺，后来嵌线、嵌网、冰纹、绞纹等工艺逐渐成熟，这些技术大多延续到了今天。玻璃材质最特殊的地方在于它的凝固方式，从1200℃的熔融状态到固态黏度逐渐增加，最终在580℃左右凝固，这个时间段被称为"workable thermal interval"（内加热期）。玻璃师傅吹制塑形，最终的作品既有固体般的坚硬，同时还保存了液态的透明。吹玻璃时，先用火把玻璃原料熔融，再取料、吹泡或塑形，通过多次回热、套色、塑造、退火……随着温度变化，玻璃可以在固态和熔融态之间渐变、逆转，这种特性赋予了它无限的可塑性和创作可能。穆拉诺玻璃特殊的配方，复杂、充满细节的形状，多颜色套料工艺，以及玻璃制作所耗费的时间，决定了其不同于一般的商业吹制产品。观看手工玻璃制作场景，有时而舒缓的等待，又有时而迅疾的吹气和塑形，就像优美的乐章。

穆拉诺岛的工匠努力开发新技术和改进现有技术，吸引了全球玻璃贸易者蜂拥而至。今天，传统的技术仍然在使用，多样化的产品丰富了玻璃行业。

在越来越重视机械化的今天，穆拉诺岛的玻璃工匠依然执着于精湛的手艺和脆弱的玻璃之间的完美结合。代表着人类的智慧、蕴藏着生命能量的穆拉诺玻璃，是一种人格、一种境界的象征，是心灵历经冶炼后的明净，洗尽铅华后的纯真，折射着世间的伟大。

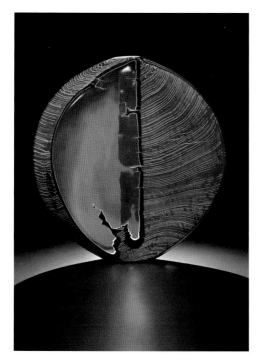

01.　　02.

01. 海岸线
　　伊森·斯特恩　2014年（英国）
02. 举碗的手
　　彼得·雷顿　2012年（英国）

02

第二章
玻璃材料的特性和创作思路

　　本章是作者在艺术设计领域进行的探索成果，熔古今中外设计、创作、艺术、哲思于一炉，全面深刻地阐述了玻璃文化的博大精深，强调了设计师应具有国际视野，了解科技世界和艺术发展的前沿动态；不同文明应和谐共处并交流互鉴，领略其中蕴含的人文精神。既有深察，又有例举；既积跬步，又致千里。蝉翼为重，以切实指导艺术创作；千钧为轻，以细致引领审美品位。让光亮灌注到心灵深处，适合哺育思想的读者，为艺术表现和美学自觉找到心理依据，对当代设计的衍生成果，创作的思路、主旨，览闻辩见，是研究中西方文化艺术的有益资料。

秩序2015零号 李文（中国）

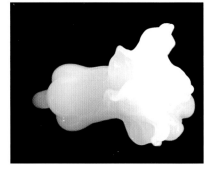

01.　　02.
　　　　03.

01. Soul 魂 赵婷婷 德国收藏

02. SH! 嘘 赵婷婷 美国收藏

03. 国家级非物质文件遗产传承人 邢兰香作品

一、玻璃及其产品

玻璃的历史非常悠久，早在商周时期，古人就创造出晶莹剔透的玻璃制品。玻璃在中国的发展，从炼丹术士的八卦炉中走出了随侯珠、五色玉、蜻蜓眼，经越王勾践剑上的蓝色玻璃，唐代法门寺地宫的玻璃瓶、盘，宋代琉璃钵、玻璃围棋，明清故宫的玻璃瓜形盒、清黄地套红玻璃寿字盖豆，到养心殿和圆明园的玻璃窗户、玻璃镜，跨越几千年长盛不衰。色彩艳丽而不浮华，质地坚硬却有"一颗脆弱的心"。

1. 琉璃

琉璃是以各种颜色（颜色由各种金属元素产生）的人造水晶（含24%的二氧化铅）为原料，在1000℃以上的高温下烧制而成的稀有装饰品。琉璃品质晶莹剔透、光彩夺目。

中国古代最初制作琉璃的材料，是从青铜器铸造时产生的副产品中获得的，经过提炼加工然后制成琉璃。琉璃的颜色多种多样，古人也叫它"五色石"。古代由于民间很难得到琉璃，所以当时人们把琉璃甚至看成比玉器还要珍贵。琉璃有以下特点：

（1）制作工序冗长。从构思、设计、雕塑、烧制、细修、打磨至作品完成，需经过四十多道精致烦琐的手工工序才能完成。

（2）手工制作。匠人必须掌握精湛技术方能操作，每道工艺均有各自不确定的变化因素，且在制作过程中需经反复实验，作品色彩无一雷同，制作难度极高。

（3）一模一品。一副模具只能烧制一件作品，无法二次使用，大型复杂作品甚至需要多次开模、烧制才能完成，低成功率，使作品更为珍贵。

（4）高温烧制。将精选原料以1400℃以上高温，熔制成各种彩色的玻璃，并经过多次精选清洗后，按作品用料比例置于模具中，并设定严格的升降温曲线，炉温必须控制在1000℃±5℃以内，烧制过程长达15天以上。彩色水晶原料都是由各种金属氧化物高温烧结而成的，不会有褪色氧化等老化现象的出现。

（5）琉璃的气泡。琉璃作品应具有艺术生命力，存在于作品中的气泡，使琉璃更具想象空间和灵气，气泡是琉璃的呼吸表现，这是琉璃艺术领域的共识。

2. 玻璃陨石

玻璃有天然的吗？有的，天然玻璃是大自然的恩赐。

• 知识拓展

玻璃陨石，被称为"天外来石"，稀有珍贵。近几年，国内渐渐兴起了一股玻璃

01.　02.　03.

01. 星空玻璃珠　朱福成作品　（中国）
02. 八仙瓶　中国内画艺术大师　迟玉娜作品
03. 莺歌瓶　中国内画艺术大师　迟玉娜作品

陨石收藏热潮。三四年间，不仅玻璃陨石的价格飙升，国内玻璃陨石收藏市场也日渐成形。在四五年前，玻璃陨石所带来的经济价值还不为人所熟知。据了解，在20世纪90年代，全球涉足陨石交易的仅200人左右，而目前参与其中的已增至万余人。玻璃陨石收藏圈的日益扩大，加之其十分稀有，让玻璃陨石在全球的价格，从原来的每磅几美元，攀升到现在堪比钻石的数字。

玻璃陨石在地球上的分布，与其他陨石完全不同，玻璃陨石在地球上有一定的陨落区，每个陨落区中的玻璃陨石，代表了一次天体陨落事件，同一陨落区中的玻璃陨石是同一陨落事件的产物。地球上的陨石除玻璃陨石外，分布几乎是均匀的，在有人居住的地区容易被发现，而在荒无人烟的地区，有记录的十分罕见，北极、南极地区，去考察的人们极易拾得陨石，也是情理之中的事情。

关于玻璃陨石的形成有不同的假说：一是月球起源说中的火山喷发说，二是冲击变质说。根据美国科研局调查，最大的可能性是：玻璃陨石是由巨大的陨石或彗核撞击地球，导致地球表层岩石熔融并高速溅出坑外，而后急速冷却而成。还有说玻璃陨石是由从宇宙空间降落到地球大气层的玻璃雨形成的，数十亿年间性状基本保持不变。科研人员通过研究这些陨石可以对早期宇宙了解更多，所以玻璃陨石极具科研价值。美国政府规定，在国家公园或其他公共土地发现的陨石，所有权属于政府。由于政府介入玻璃陨石，导致玻璃陨石成为收藏界的热门。全球陨石交易的市场价格疯涨，成为如今在古玩收藏市场里最昂贵的石头，钻石也难以和它媲美。品相完好的玻璃陨石，一克就超过850美元，真正是一石千金。

3. 鼻烟壶（玻璃胎）

中国古代宫廷中，鼻烟壶是一种出现最晚，也是品种最多的手工艺品。它集中国书法、绘画、烧瓷、施釉、碾玉、冶犀、刻牙、雕竹、剔漆、套料、荡匏、镶嵌等工艺于一体，博采众长，从鼻烟壶上可以看到中国微型艺术的全部谱系。

1696年，康熙帝专门设立玻璃厂，用来制作鼻烟壶，赏赐王公大臣和外国使臣。乾隆皇帝最初喜欢烟叶，最终喜欢鼻烟，鼻烟这种纯粹的舶来品在清代整整流行了一个朝代。

鼻烟壶的设计，需要在一个很小的面积上画上人物、山水等精美的图案，因此对技术、绘画、设计的要求很高。料胎画珐琅鼻烟壶，始烧于康熙朝，到乾隆朝达到了顶峰。玻璃胎上用珐琅彩绘制图案，难度非常大，工艺要求很高，因为玻璃料胎和珐琅彩料的熔点接近，火候低了，珐琅釉不能充分熔化，呈色不佳；火候高了，胎壶又易变形、炸裂。

内画是我国清代玻璃器装饰中的一项独特工艺、一种雕刻方法、一种艺术创新。在玻璃、水晶、琥珀和透明翡翠等材质的壶胚里，用铁砂和金刚砂打磨，磨出细纹，使颜料易于附着，然后用带钩的竹笔，现在是用特制的狼毫笔，笔尖冲上，蘸上水、墨、颜色，在壶内壁细致入微地制作内画。内画技术比肖像画困难许多，有点像微雕，和照镜子一样反画正看，更加精美，艺术价值更高。当时的清朝政府馈赠外国使节的礼品，光是名贵材料制成的鼻烟壶就有数百个，有的甚至比紫禁城里的鼻烟壶还要名贵。同治时期以后，官办作坊用贵重材料制成的鼻烟壶显著减少，多为玻璃、瓷制品，民间作坊的大量鼻烟壶产品出现，造型较为单调，装饰图案开始出现历史人物、戏剧情节、市井风俗等题材。

内画鼻烟壶的材质有高低档次之分，高档材质有天然水晶、玛瑙、琥珀等；中档材质有人造水晶、光学玻璃；低档材质有普通玻璃、树脂等。水晶是内画创作的最佳材质，在水晶壁上绘出的内画，与水晶晶莹的光泽相得益彰，而水晶又因其中包裹体不同，价值存在很大差异，如俗称发晶的草入水晶，是很珍贵的水晶品种，好的包裹体，巧妙地利用杂质，给天然水晶增加趣味性。

一件好的内画鼻烟壶不仅要有优美的造型和精细的磨工，画工是否精湛也是决定作品价格的主要因素。成熟的内画艺人必须具备扎实的外画功底，能在里边画，也能在外面画。内画比外画更难，因为壶的内壁，已经被磨成毛玻璃，看不清笔尖在壶内的位置；写字就更难。制作一个内画鼻烟壶，少则上月，多则几年才能完成。第一要有高超的技法，第二要非常有毅力，在方寸天地里展现出大千世界，集技术和美学之大成。

4. 珐琅（玻璃胎）

中国古代称涂在金属表面的装饰材料为珐琅。珐琅是一种玻化物质，以长石、石英等为主要原料，加入各种化学原料煅烧熔铸后，得到珐琅熔块，再经细磨得到珐琅粉，将珐琅粉调和后，涂施在金、银、铜等金属器上，经焙烧，便成为金属胎珐琅。按照工艺技法的不同，珐琅器可以分为掐丝珐琅器、錾胎珐琅器、画珐琅器和透明珐琅器。

掐丝珐琅器也称景泰蓝，于元代传入中国，明代开始大量烧制，到景泰年间达到巅峰。画珐琅器又称洋瓷，清代康熙年间传入中国广州。乾隆时期，广州匠师专门为宫廷制作贡品画珐琅器，就是用珐琅釉料，以绘画的方式，在金属或其他的材料上进行装饰的一种技法。工匠以铜做胎用五颜六色的珐琅釉料在金属胎上作画，然后再经过烧制等多道工序，一件画珐琅器才算制作完成。由于画珐琅器上的装饰图案与传统绘画有些相似，因此也被称为珐琅画。

01.　02.
　　03.

01. 琉璃大鸱吻（国家艺术基金项目）
　　赵婷婷作品
02. 水晶酒杯 璀璨色彩
03. 捷克Moser水晶酒杯

5. 人造水晶

人造水晶的成分是二氧化硅，食品容器中用到的人造水晶一般不含铅元素。人造水晶缤纷的色彩令人陶醉。如果在里面加入黄金，就呈现酒红色；加入银，就呈现黄色；如果同时添加了黄金和银，就呈粉红色。人造水晶色彩迷人，价值不菲。

由此孕育的水晶器皿文化以尊贵和高雅的姿态盛行于欧洲上流社会，如水晶杯，在不同的场合，对不同的人士，喝不同的酒，都要使用不同的水晶杯，因此顶级沙龙和酒会提供几十种类型的水晶杯并不为怪。

人造水晶杯握起来手感好。水晶杯在光线照射下会熠熠生辉，折射出斑斓的七彩之光，但普通玻璃杯光泽度很低，没有晶莹剔透的美感。另外，两个手工水晶杯相碰能发出清脆悦耳的声响，并有优美的余音回荡。生产技师经数十次的精湛工艺才能制作一只精美的手工水晶杯，与机制水晶杯相比，手工水晶杯产量小，较为稀缺，价格也比较昂贵。

世界上比较著名的人造水晶品牌是捷克的Moser水晶，它始创于1857年，经过几代人的努力，成为全世界政商名流餐桌上不可或缺的佳品，历来有专供各国皇室、总统及名流显贵的传统，因此Moser水晶被称为"王者水晶"。Moser水晶属于钾钙玻璃，精确的配方决定了它的硬度、光泽度以及色彩度。产品的独特性也归功于装饰研磨技艺，主要使用琢面切割技法。

世界久负盛名的专业水晶品牌还有成立于1756年的奥地利的Riedel，它的造型优雅精致，外观清亮透明。

此外，创立于1872年德国赫赫有名的以机器吹制杯品为主的Schott Zwiesel品牌以及以手工吹制杯品为主的Zwiesel品牌，配方中有一种独特的二氧化钛成分，使得玻璃本身特别有韧性，产品最大特色在于杯壁轻薄、表面透明光滑且质地坚固耐用，可经得起洗碗机的洗涤。

创立于1764年的Baccarat是法国极著名的皇室御用级水晶品牌，旗下的水晶产品包罗万象，从家具、灯具、首饰到餐具酒器都包括在内散发着贵族气息。

二、玻璃材质的特性

玻璃的软化融合区域为750～800℃，这时候的玻璃表面失去刚性，开始融合。

玻璃主要有以下的特点：

形态的多样化：可以加工成粉状、颗粒状、条状、片状、块状等各种造型。

视觉效果的多样化：可以形成透明、半透明、不透明的效果。

加工方法的多样化：可以采用冷加工外部黏合，或在高温下熔合，其中在高温下的窑变效果是不可预测的。

工艺技法的多样化：镶嵌、贴花、雕刻、喷砂、玻璃烤漆、上珐琅釉、酸蚀、套色、定位气泡。

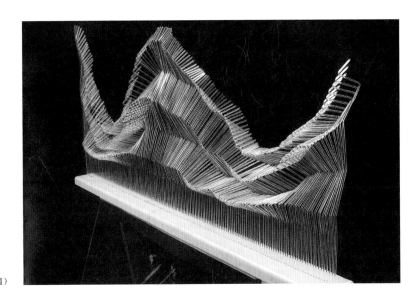

01.
02.

01. 栖息在树　Keith Lemley（美国）
02. 空灵状态 Thomas J.Ryder（美国）

三、玻璃设计艺术

艺术是人类运用情感和想象来把握和反映世界的工具。人类的某些经历和情感是难以用平常的口头语言来表述的，为了表述这些深存内心的最强烈的感情和思想，就使用一种称之为"艺术创作"的更敏锐、更精巧的"语言"来表达。艺术创作植根于思维发展的基础之上，它随着认识能力、范围及深度的发展而发展。这种语言可以是一种文字、音乐、画面、肢体动作，或是一种经过人们加工赋予了丰富内涵的物体，还可能是很多种其他形式。

艺术的魅力在于创作者与欣赏者的内心共鸣。艺术是创造美的技术活动，探究人与自然的分离与融合，牵引着经济和政治；艺术是对局部动态的静态凝聚，包含强烈的哲学反思，并努力追寻生命的终极意义。

艺术和科学不同，科学更多的是"发现"，艺术更多的是人类内心真实情感和想象的反映。艺术作为审美的载体，意味着其内在价值超乎世俗生活，是一种珍贵的存在。

艺术的发展在很大程度上推动了人类文明的进步。艺术创作的根系是理性思维的发挥和运用；它的激情是对美的追求，对思考的沉迷，对孤独的忍耐。艺术创作正努力追寻生命的意义，用非生命的深刻印迹使之长存……

03.

01.　　02.

01. Don't Cry for Me
　　赵婷婷　香港收藏
02. Soul
　　赵婷婷　美国收藏
03. Praying Bird
　　赵婷婷　美国收藏

　　玻璃艺术品是指凝聚创作者的灵魂、体悟、情感、哲思、行为的玻璃制品，是耗费心血、深邃思考的作品，是万物之灵的人间旅程的记录。

　　玻璃本身是一种表现力极强的材料，具有透明、折射、反射的特性和色彩的表现力。当代艺术家的创作方式是不断探索和质疑过去的标准，在材料和创作过程中寻找新的表达方式，从中传达出艺术家丰富的内心世界。

下面介绍几种玻璃艺术设计的灵感来源。

第一，从大自然中寻找灵感。例如法国玻璃巨匠埃米尔·加莱，在他的设计中，大自然是永远的主题。大自然是他艺术的唯一灵感来源，也成为他玻璃创作的特色。他力图把每一件作品都做成自然界的一个缩影，如：飞翔的蝴蝶翅膀、漂荡在水面上的芦苇、幽深静谧的丛林以及在风中摇曳的幼嫩花朵等。

又如，美国的保罗·斯坦卡，从一位制作医用玻璃器皿的工匠，到一位拉丝琉璃大师。他结合想象手法，创造出琉璃的植物写实主义，他了解琉璃的艺术性，把花卉、种子、叶片、蜜蜂和树根安排在玻璃中，其中一部分还加入了缩小的"根雕人形"，以展延人类的幻想空间。由于他对自然有着极细微的观察力，因此他的作品在细微处的表现更加丰富，也造就了他独特的风格。他说："最佳的杰作在于发挥琉璃的极限。"若不仔细说明，总以为他的作品内栩栩如生的生物不过是标本，殊不知，无论是小蜜蜂的绒毛还是植物的根、茎、叶，皆是这位艺术家以敏锐的观察

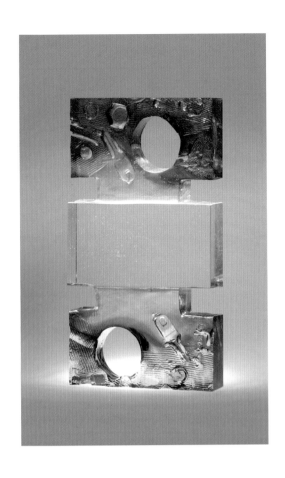

01. 02. 03.

01. Prosperity Century
　　赵婷婷　美国收藏
02. Seeking
　　赵婷婷　美国收藏
03. Sensible Man
　　赵婷婷　美国收藏

力加上对玻璃微细的热塑完成的。具有细腻生动的自然造型作品，堪称灯工热塑技法的登峰之作。

　　第二，从绘画艺术风格中寻找灵感。例如，法国艺术家弗朗索瓦·德孔西蒙出身艺术世家，精通矿物学、化学，博学多才。他是莫奈的好友，深受印象派的影响，他希望能够让玻璃保留绘画的色彩与质感。原本研究陶瓷艺术的他，发现熔铸的玻璃会呈现出透明与半透明的色彩，能够恰如其分地捕捉光影、色彩，于是德孔西蒙开始了脱蜡铸造的探索。他以不凡的定色技术，开创了属于自己的艺术语言，让玻璃有着绘画的质感。他也堪称玻璃艺术的印象派大师。

　　第三，从工艺美术中寻找灵感。例如，日本艺术家藤田乔平与日本现代玻璃艺术一起成长，他的作品是对日本传统生活的永久怀念。他把玻璃与贵金属融合在一起，玻璃纹理与黄金白银的结合，蕴含一股浓厚的禅意，并唤起了他对色彩的一种特殊感觉：那不只是颜色，还表达了思想和情感。1973年，他创作了以"旧蒲"为题的玻璃盒子，从此以后，藤田的名字就成了让全世界惊艳的玻璃盒子的代名词。

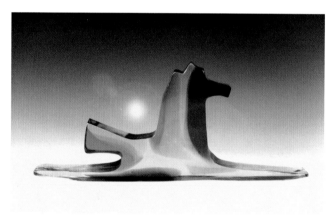

第四，从玻璃的光学特质寻找灵感。例如，美国著名玻璃艺术家史蒂文·温伯格的作品基本是由炫目的玻璃和别致气泡构成的。他说："纯净的玻璃给人一种水的感觉，而气泡本身就是水的一部分，我将它们合二为一，那就是一种水晶宫般的梦幻感觉。"他享誉国际的《船》系列作品，一直是琉璃艺术界关注的焦点。看似随意实则精准控制的船体弧线、内部色彩和定位的气泡，是最完美的琉璃切割研磨创作；当光投射进来时，作品显得格外纯净，仿佛带领着观赏者在海洋世界中徜徉，让观众为之着迷。

第五，从民族传统和人文思想中寻找灵感。例如，中国的琉璃艺术家杨惠姗曾表示，药师琉璃光如来的愿词是她创作的力量来源。她把在琉璃艺术创作上的不断精进

01.　　02.
03.

01. 奇幻雨林浪漫花园
　　　赵婷婷　意大利收藏
02. 贝·书
　　　赵婷婷
　　　中国琉璃（玻璃）艺术设计创新大赛　金奖
03. Following My Dream
　　　赵婷婷　中国收藏

作为职业志向，被誉为中国现代琉璃艺术的奠基人和开拓者。她曾任清华大学美术学院玻璃艺术系顾问教授、日本石川县能登岛玻璃美术馆外聘教师、法国马赛当代艺术中心外聘教师、美国康宁玻璃博物馆客座授课。杨惠姗倾其心力恢复"脱蜡铸造法"，发展出铸造与浇铸合成、定位着色等，使她的创作进入随心所欲的境界，作品意蕴深邃、千姿百态，尽显琉璃的华美，以独特的艺术天分和敏锐的观察力糅合对生命的感悟，创作出富含中国传统与人文思想的作品，并针对琉璃材质的特性做了深度探索，屡屡开拓新的技法和表现形式，将琉璃艺术的当代性以全新视角开拓与诠释。"金佛手药师琉璃光如来"作品被北京故宫博物院收藏。"千手千眼千悲智"作品以琉璃材质立体呈现敦煌莫高第三窟元代的千手千眼观音壁画，是至今全世界最完整的以琉璃脱蜡铸造技法制作的琉璃佛像，2008年被列入美国康宁玻璃博物馆*New Glass Review*中。

在世界工艺史上，玻璃艺术渐渐成为社会生活的时尚，开启了一个令人瞩目的局面。

03

第三章
别具匠心——玻璃吹制工艺

　　人类制作玻璃的历史可追溯到三千五百多年前，在古代，玻璃始终是一种稀罕昂贵的商品，寻常百姓很少买得起。玻璃吹制技术大约发明于公元前 1 世纪，这使得玻璃制作变得更高效，更方便，产品价格也趋于低廉。自从此技术发明以来，人们已经创造出无数种玻璃吹制的方法，而新的方法和技术还在不断涌现。吹制技艺成为艺术家在制作玻璃中最直接的、与玻璃最为"亲近"的成型方法。

空相　韩熙（中国）

一、玻璃吹制设备

1. 窑炉

吹制玻璃同其他大规模玻璃工厂的生产程序一样，都要经过熔化玻璃料、成型、退火，只是所使用设备的型号、大小不同。本章所讲的是玻璃艺术工作室设备，而非工厂化设备。

·化料炉 （坩埚炉）（图3-1）

坩埚炉是为满足艺术家及学校相关要求专门设计的玻璃艺术工作室设备。安静又安全，加热室位于坩埚顶部，炉门由架子平衡，能一只手轻易开启和关闭。门开启时，用一个水平按钮关闭加热元件的电源。坩埚炉设有通风排气系统，以排除腐蚀性气体。侧面安装的控制面板是标准的四程序、多波段的智能控制器。

参数：220V， 54A，11880W，可容纳215磅（1磅＝0.45359237千克）玻璃料。

尺寸： 1200mm×1100mm×1200mm。

用途：熔化透明玻璃料，工作温度为1150℃。

·色料炉 （图3-2）

炉体安装在焊接钢管上，上开盖式设计轻巧方便，炉内可容纳三个10磅的坩埚，同时熔化（预热）三个颜色的玻璃色料。采用四程序、多波段的数字泡点控制器。加热元件由铬铝合金电热丝制成。

参数：220V， 28A，6160W。

尺寸：760mm×760mm×910mm。

用途：熔化（预热）玻璃色块。

玻璃色块的保持温度为500～520℃。

图3-1　化料炉　　　　　　　　　　　　　　　　图3-2　色料炉

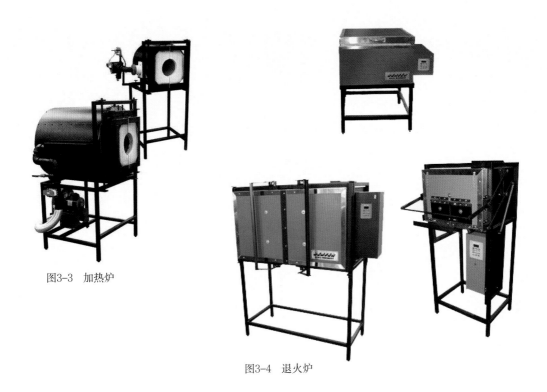

图3-3　加热炉

图3-4　退火炉

- 加热炉（图3-3）

加热炉装有双层门，第一层小一点的开门，适用于做小件玻璃作品，第二层开门，适合做大一点的玻璃作品。加热炉中部是浇铸的真空陶瓷纤维管，外置一层高温陶瓷保护膜。这种炉能快速加热并且燃烧彻底。

参数：220V，180W。

燃料：天然气或液化石油气。

两扇开门：直径210mm、300mm。

尺寸：1470mm×750mm×750mm。

用途：吹制过程中临时给玻璃制品加热。

工作温度为1150～1200℃。

- 退火炉（图3-4）

退火炉设有4个程序、多种波段的控制器。两扇门能轻易开合，中部没有支架，摆放玻璃制品没有障碍。所有元件都装在顶盖上。内层由陶瓷纤维板制成。

参数：220V，单相，28A，6160W。

内部尺寸：910mm×460mm×460mm

用途：用于吹制作品退火。吹制作品退火时从500℃往下慢冷至室温。

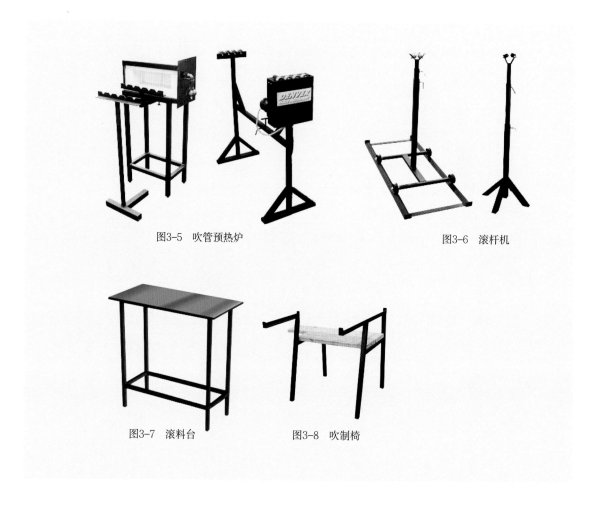

图3-5 吹管预热炉　　　　　　　　　　　　　图3-6 滚杆机

图3-7 滚料台　　　　　　图3-8 吹制椅

· **吹管预热炉** （**图3-5**）

冷的吹管不能直接蘸取玻璃液，因此，在使用之前，必须将吹管、顶底杆预热。

2.辅助设备

· **滚杆机** （**图3-6**）

该设备放置在化料炉或加热炉前，方便蘸取玻璃液或给制品加热时轻便转动。

· **滚料台** （**图3-7**）

厚钢板或不锈钢板作为桌面，厚度要够，否则容易变形。吹玻璃塑形或蘸色粉、色粒、金银箔时必备的设备。

· **吹制椅** （**图3-8**）

木板供吹制者坐时使用，两条长边供吹管来回滚动，右边摆放工具。适用于右手工作者，如果是左撇子，就要练习操作，或另外定做。

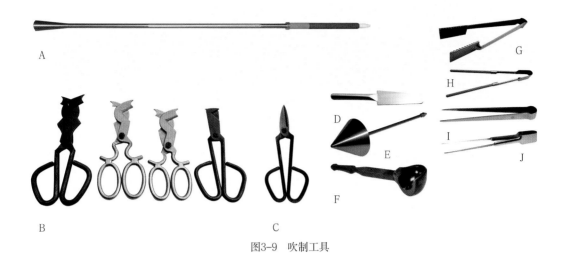

图3-9 吹制工具

3. 吹制工具

图3-9中各字母对应工具名称如下：

A 吹管 不锈钢制品，前端加焊钢管，方便和热玻璃脱离，另一端，有护手和吹嘴，方便把握和往吹管中吹气。

B 葫芦钳 也称金刚石剪，是具有多边形刀片的剪刀状工具。多边形刀片可以使热玻璃的剪切更加精细，留下的痕迹要比直剪留下的痕迹少。

C 剪刀 用来给吹制作品塑形，主要用来剪料。

D 搓板 用于扁平的玻璃造型，特别是在玻璃吹制中的玻璃器皿的底部和颈部。搓板有木制和金属制，使用中木制的容易烧焦。有时也可以用于阻挡玻璃的热辐射。

E 吹嘴 这个工具是在器皿开口的时候使用，主要进行整形和吹大器皿。

F 木模 也称型勺，多用樱桃木或其他果木制成，用于取料后将作品塑成球形。使用之前一定要浸泡在水中，在塑造时形成保护。

G 肌理夹子 主要用于玻璃表面的肌理塑造。

H 去痕迹夹子 在使用过程中木制部分需要浸泡后使用，这个工具可以减轻在使用其他工具时导致的明显痕迹。

I 镊子 主要用来塑形，拉长使用。

J 插孔夹 插孔夹包括通过一个弹簧状柄接合的两个金属叶片。手工操作控制叶片之间的距离，保持一定的角度，使其旋转以改变玻璃的形状。

二、吹制步骤

1. 握吹管

握吹管的正确姿势是右手在前，虎口朝下，左手握在吹管中间，虎口朝上。双肩放轻松，双手相互配合并有规律、有韵律地转动，同时保持吹管的水平。第一次拿吹管的人，需要在旁边先练习，逐渐顺手熟练后，再去挖取玻璃液。

2. 预热吹管

首先从吹管预热炉中取出已经预热好的吹管。冷的吹管在接触到玻璃液时会使热玻璃液接触面骤然变冷，这样玻璃液就不会牢固地粘在吹管上，所以，应提前把吹管预热到略微发红状态以备用。

3. 取料

取料在整个吹制过程中是非常重要的，它会对作品的形态、尺寸和品质产生很大的影响。将吹管靠在坩埚口上，吹管端头探入玻璃液，同时左手后缩，以避开坩埚的热度，同时协助右手转动吹管。吹管探到玻璃液平面继续往下探2～3cm，同时将吹管转动一周（右手转3～4下）。将蘸好玻璃液的吹管边转边往上往外移动，同时左手迅速移到吹管中心，并将吹管保持水平拿到坩埚外。

蘸取玻璃液的吹管要保持不停地旋转，以保持玻璃液始终在吹管的中心部位，否则，玻璃液会流到地上或偏向吹管的一边。

4. 吹小泡

确定玻璃液在吹管的中心点，如果不在中心点，就要用湿报纸整形，边转动吹管边轻轻吹气，直到玻璃中心出现气泡，如果玻璃液较软，就要轻轻吹气，否则容易将气泡吹破，反之，则需要用力吹。也有人先轻吹一口气，然后用拇指堵住吹嘴，让吹管中的气体慢慢受热膨胀，在吹管的另一端就吹起一个小泡来，当小泡达到需要的大小，松开拇指即可，在这个过程中，吹管要保持水平，并且不停地转动。

5. 第二次蘸取玻璃液

当小气泡变成橘红色时，就可以再次蘸取玻璃液了，一定要将玻璃小泡完全包覆，并包覆吹管2～3cm，将吹管从坩埚中取出，再次整形、吹泡，尽可能地保持气泡外壁厚薄均匀，利用重力的作用保持气泡的顶部有足够的厚度，吹到接近半大时，要及时用夹钳将气泡靠近吹管部分夹细，以使其最后容易从吹管上敲掉。

6. 着色

色粉着色：先将准备好的色粉或色粒放在滚料台上，蘸取玻璃液后稍待一会儿，在玻璃液还热的时候，轻轻滚过台板上的色粉或色粒。

色块着色：先将色块提前放置到预热炉中，温度控制在520℃，保持温度10～30分钟以上，然后将色块和加热板一起拿出，把塑型完成的玻璃器皿在加热板上来回滚动几下，此时色块都粘到玻璃器皿的外部了。

全色玻璃：将颜色玻璃放到色料炉中，同坩埚炉一样加热至玻璃熔化，当需要着色时，将吹管上的玻璃泡在色料炉中蘸取。

01. 握吹管
02. 预热吹管
03. 取料

01.　　02.
　　　　03.

05.　　04.
06.

04. 吹小泡
05. 第二次蘸取玻璃液
06. 着色

7. 加热

无论是哪种方式蘸取的玻璃色料，都要迅速在加热炉中加热，加热的目的是要将玻璃色粉、色粒熔化，保持玻璃应有的吹制温度。在加热过程中要不停地转动吹管，如果时间长，双手劳累，可借助滚杆机来转动吹管。

8. 用报纸整形

将报纸折叠成合适大小，浸湿，即可使用，每次使用前再加一些水，保持湿润，水分不能过大，否则，容易烫伤手，或因为气浪太大，影响视线。

一般将玻璃分四个部分进行报纸整形，第一部分（1号）是靠近吹管头，第二部分（2号）是中段，第三部分（3号）是尾部，第四部分（4号）是顶部。整形的顺序是1号→2号→3号→4号→3号→2号→1号，先将1号整正，再将2号推平，3号顺尾，4号圆尾，使玻璃塑成一个黄金比例的圆头状。

9. 用铁板和型勺整形

先将靠近吹管的玻璃推出来，顺势整形中间部分，再将吹管抬高，将玻璃顶端在铁板上来回滚动整形。

型勺是用果木做的，质地坚硬，使用前需将其泡在水中，使其保持湿润，用时拿出，用完立即放入水中。型勺整形直接、方便，且容易控制统一的形状，多数工厂制作同一制品时多采用型勺整形。

10. 吹气

吹气并不需要很大的肺活量，除非玻璃过硬或作品过大，吹气要缓顺，不能猛吹或大口吹气，否则玻璃气泡会歪向一边。

11. 夹颈

夹颈是很关键的一步，目的是等作品成型后方便与吹管脱离。转动吹管，手拿夹子，在吹管外约1cm处将玻璃夹出一个明显凹陷、清晰可见的痕迹，越清楚越细的颈，越容易分离，但要防止玻璃掉落到地上。

12. 架桥（转移）

取预热过的顶底杆，蘸取玻璃料，出坩埚时玻璃微微朝上，让玻璃回流到顶底杆上，并在滚料台上来回滚动，一边稍稍冷却玻璃，一边将玻璃整形成同样厚薄，顶底杆前段约留5mm厚的玻璃即可。这个玻璃端头可以整成尖形（小作品用）、环状形（大中作品用）、十字形（易分离，省研磨）等形状。

13. 点水分离

当作品完全转移到顶底杆上以后，主吹者可以接过顶底杆，拿插孔夹蘸水，将水滴在作品的分割线上，将顶底杆抬起，轻敲顶底杆，作品就会和顶底杆分离。

14. 退火

吹制好的玻璃作品一定要经过退火，不经过退火的玻璃会炸裂。使用耐火手套，或用夹子将玻璃送入退火炉中，这是个缓慢的过程，但又是必需的。

07. 加热

08. 用报纸整形

09. 用铁板和型勺整形

10. 吹气

11. 夹颈

12. 架桥（转移）

13. 点水分离

14. 退火

07.	08.	09.
09.	10.	10.
11.		
12.	13.	
14.		

04

第四章
艺术家作品赏析

艺术家对大自然多抱有一种泛神主义的态度,常常在其中看出不可思议的妙谛。他们的作品里,始终带着一种伟大的神秘。这种自然崇拜,使艺术家往往能从大自然中感受到巨大的力量和彻悟到深沉的思想。玻璃艺术工作者的创造精神孜孜不倦,跟玻璃材质打成一片,发现艺术神秘之花开放的同时,以冷加工技术向美的化境迈步。冷加工技术赋予玻璃艺术新的视觉效果和节奏感,加工后的精致表面让人产生触摸的欲望。

不同时代的艺术家用各自特有的语言,在多元化的氛围中张扬着自我,风格多样。材料的介入突破了玻璃本身的束缚与限制,使艺术创作在追求强烈感官效果的同时更加准确地表现出艺术家的创作初衷,使作品在情感与形式的表达上得以淋漓尽致地发挥。跨学科研究使综合材料向传统的玻璃材料提出了挑战,令一些艺术家开始尝试通过材料去寻求表现个性、创造力及戏剧性的效果。

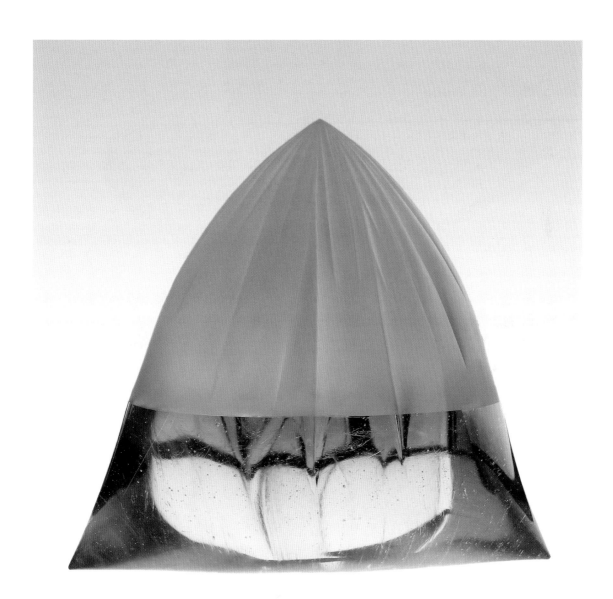

非洲印象系列　李玉普（中国）

彼得·雷顿　Peter Layton　（英国） 左

彼得·雷顿的这一系列作品是和艺术家霍克尼（Hockney）合作吹制的，在这一系列作品中他们将绘画技法充分融合到玻璃艺术创作中。这些作品表达了他们丰富的色彩构成和绘画技法，在确定与不确定中完全展现他们高超的吹制技巧。

路易斯·汤普森　Louis Thompson　（英国） 右上

路易斯·汤普森的作品灵感来自于对自然概念的提取，弗洛伊德的艺术概念对他影响深远。正如他所说的"这东西是重复的，但又是不可复制的"。采取不同的变形方式，显示单个形体的无限可能性。

卡伦·劳伦斯　Karen Lawrence　（英国） 右下

卡伦·劳伦斯以开发高度个性化和创新方法形成她优雅的作品风格。她所传达的是无与伦比的"轻"，形式和结构的复杂，通过微妙的着色和金属夹杂物来实现精湛的分辨效果。PATE VERRE（玻璃糊糊技法）通常用于细节的制作，但卡伦·劳伦斯喜欢挑战在大规模建筑中的应用，这里呈现的是她细腻的小作品。

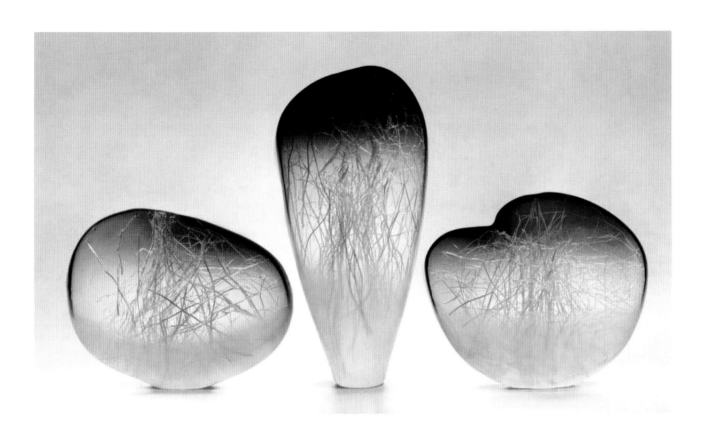

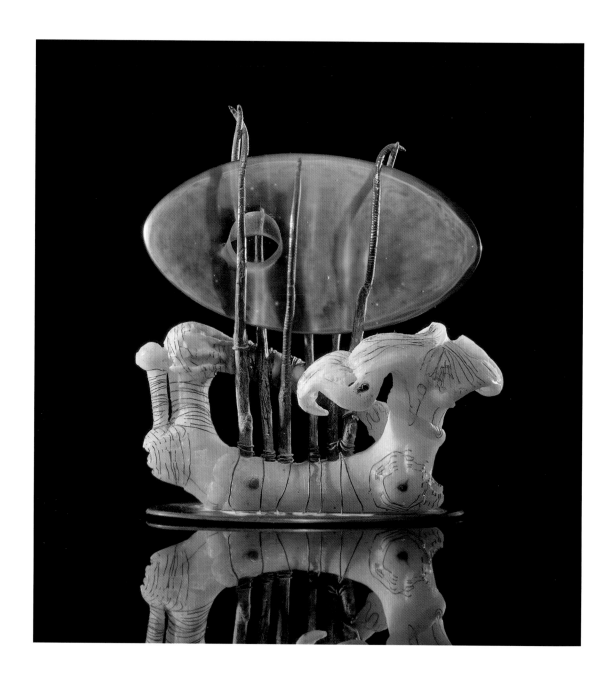

基思·卡明斯 Keith Cummings （英国）

卡明斯"余烬 2008"灵感来自他的家乡英格兰美丽的乡村风景。他习惯于使用玻璃
这种特殊的材质，其独一无二的塑形特质，使景色从油画和水粉画中脱离，得到衍
生。作者还使用了其他材料，例如铜和玻璃相互辉映，形成强烈的对比，构筑成最终
的作品。

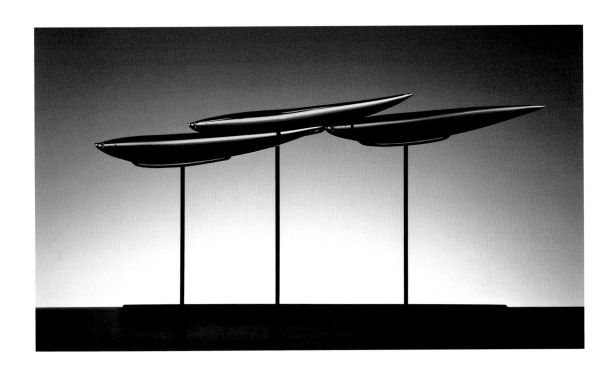

尼克·路怀德曼　Nick Wirdnam　（英国）

尼克·路怀德曼的作品以鱼为原型，象征着身处社会中的人类个体的处境，造型简洁明快，散发着一种宁静平和的气息。表达了他对人际关系和距离的看法。以不断变化的色彩、姿势和造型表达了一种思想：虽然人们都是拥有不同故事的个体，但许多人的体验是具有共性的。

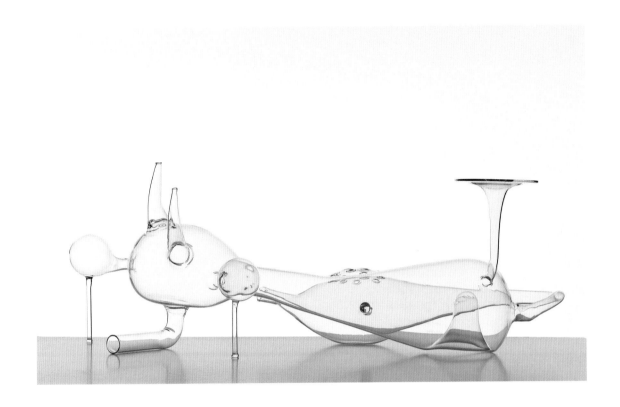

斯图尔特·巴富特　Stuart Barfoot　（英国） 左

斯图尔特将海底的珊瑚呈现得如此的多姿多彩，令人神往。然而由于对生态的恣意破坏，人类和这种美丽生物的关系正在恶化。他尝试结合铸造和吹制两种工艺的艺术效果，通过光线、色彩捕捉这种生物的精彩瞬间。"冰珊瑚" 所表达的是一种想象力，流动和优雅感被一刹那捕捉到的那种感觉。

El乌迪默格利托工作室　El Ultimo Grito Studio（英国） 右

"幻想建筑"的核心是一组玻璃作品。这一组合呈现了一个由玻璃形成的，包含商场、机场、住宅和加油站的城市景观。"幻想建筑"是一个对城市所包含的社会物质和精神元素所提出的命题。这些"可能的结构"，让人思索、怀疑和探究空间的关联和意义。

莱恩·罗 Layne Rowe （英国）

莱恩·罗在中央兰开夏大学学习期间，得到了一个从事3D热玻璃设计的机会，接下来他曾与一些玻璃制造商在伦敦吹制玻璃中心体验不同的创作。后来，他回到英格兰赫特福德郡开设了自己的工作室，作为独立艺术家，他的作品以釉制瓷器感给玻璃带来了许多新的肌理语言。

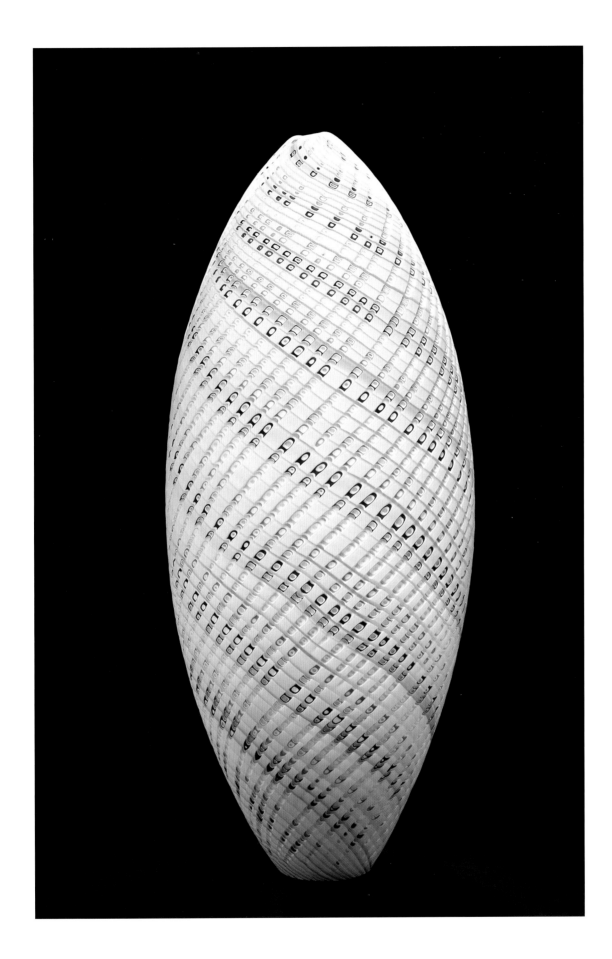

埃利奥特·沃克 Elliot Walker （英国） 左

埃利奥特·沃克用模制玻璃来创作一系列雕塑，包括餐具、容器以及食物的横切面。这些食物雕塑陶器般粗糙的外表与鲜明的内部形成了强烈的视觉冲击。在传统静物场景里隐藏了一个绚丽多彩的世界，剖开这些食物雕塑，可以发现黑色的磨砂表面下，泛着惊艳的色彩之光。事实上，沃克是想通过这些充满活力的颜色表现出健康的状态。

约翰·米勒 John Miller （美国） 右

"芝加哥热狗"是用色彩鲜艳的玻璃吹出的栩栩如生的艺术品，约翰·米勒对各种质感的处理把握得精准、美妙，技法娴熟。

约翰·基利　John Kiley （美国）

当你看到基利的作品重复到令你感到乏味时，他在做一个艺术家的坚持。当他在尝试一种新的技术时，在试着创造一个超越形体本身的美丽的时候，他的执着是启迪我们的。形象和光线的互动，材质美尽收眼底。他想创造一种只能存在于"玻璃"这一材质的作品。

艾米·路菲特　Amy Rueffert （美国） *左*

艾米·路菲特的现代仿古艺术作品灵感来自维多利亚时期的装饰艺术品，这个时期的艺术品以简洁流畅和装饰性强而闻名。她善于在作品的表面，以诗意化的方式进行拼接。赏心悦目的形象和图案、精致的细节很容易令人联想到那个时代，同时也证明了女性在社会中的重要地位。

凯瑟琳·格雷　Katherine Gray （美国） *右*

凯瑟琳利用吹制玻璃的丰富历史，探索玻璃的二分法。有媒体称赞她的作品为"强调媒介的，有着广泛的潜力，同时展示着可观的技能"。她说："从本质上讲，我的所有工作，是概念作品，在超凡脱俗的、平凡熟悉的状态之间摇摆不定。在我看来，玻璃的这两个极性，设置什么样的材料作为艺术的载体，是主要原因。"她把花瓶、烛台、酒杯组装在一起，巧妙地彼此整合，作品被康宁玻璃博物馆和塔科马博物馆收藏。

威廉·莫里斯　William Morris （美国） 左
威廉·莫里斯的作品模拟了人类考古的痕迹，用玻璃去模仿树木、骨头和动植物。作品灵感很多是来源于古埃及、印度以及印第安人，表现人与自然的关系。

理查德·马奎斯　Richard Marquis （美国） 右
理查德·马奎斯是一个对当代美国和世界玻璃艺术有着卓越影响力的艺术家。令人钦佩的是他对色彩的成熟理解，以幽默的形式和实验的创意，影响了一代艺术家对玻璃的渴望。作品散发出的是建立在传统工艺上的创造力与活力，使玻璃材料达到了软陶的质感，又似橡皮泥的亚光效果，使玻璃具有高度延展性和可塑性，图样像花一样缤纷灿烂。

马克·彼得罗维奇 Marc Petrovic （美国）

马克以鸟的意象隐喻表达对家、庇护所的思考。他使用各种彩色玻璃组装和融合，形成抽象的图案，然后解构，重建鸟的形象。在完全解构鸟的同时形成自己的艺术风格，进而鸟也成为有知觉的鸟类。这与庄子做梦变成蝴蝶，异曲同工。

查理·迈特　Charlie Miner（美国）

查理挖掘拜占庭风格艺术，用彩色的粉末、发泡、补丁等技法，表现不透明的岩石矿脉肌理，形成一种非常具有触感的雕塑。

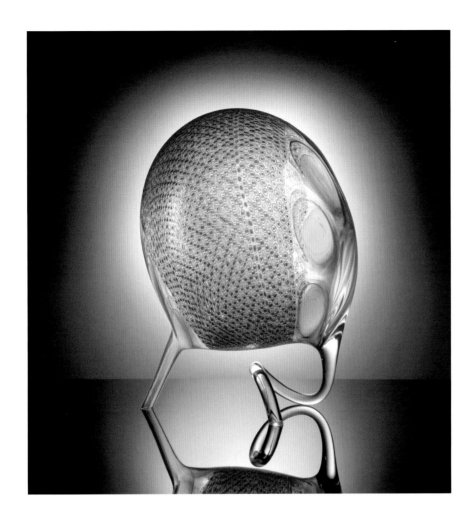

斯蒂芬·罗尔夫·鲍威尔　Stephen Rolfe Powell　（美国）

斯蒂芬玻璃器制作中流淌着古老的意大利血液，他的作品展现的是美国人的戏剧性个性。斯蒂芬是一个屡获殊荣的教授，追求永恒的难以捉摸的神秘的光和色彩。令人眼花缭乱的细节、特写、发光模式，透明、不透明、半透明的色彩组合，突出颜色和纹理的交互复杂，生动地描绘了艺术家性格上的兴奋和紧张。

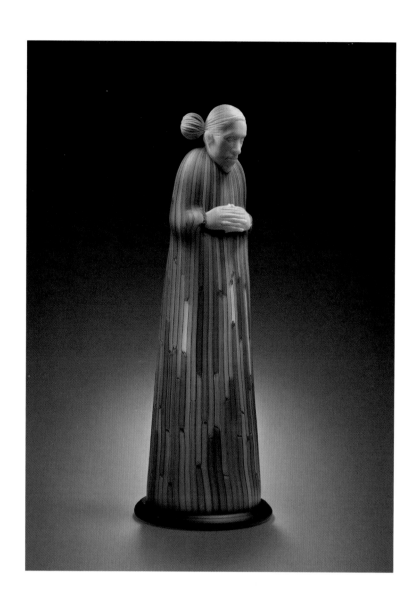

罗斯·里士满 Ross Richmond （美国） 左

罗斯的作品——丁香花的长袍，充分运用了图像符号。其流畅的线条，粗犷而不失细腻。

朱莉娅与罗宾·罗杰斯 Julia & Robin Rogers （美国） 右

从古埃及绘画、雕塑到现代卡通，神人同形是一个永恒的主题。"爱、生活、竞争"，人类常常发现自己是动物王国的一部分。吹制过程是玻璃神奇的一部分。"我相信玻璃本身和我说话，没有什么比在咆哮的炉子旁，一支吹管在手，以安静平和的心态，度过冷静清晰的一天，更享受和可珍惜的了。"

戴尔·奇胡利　Dale Chihuly（美国）

奇胡利的作品具有很强的自传性。其作品魅力在于既有抽象的形态，又有怀旧情感。他的作品"母亲的花园"，在塔科马文献中有详细的记载。系列作品如Seaforms、Niijima、枝形吊灯等都隐含了他在塔科马童年时代的生活。作品体现了他对西太平洋大海的热爱。他的早期装饰风格的艺术作品中，有很鲜明的个人色彩。

斯科特·哈特利 Scott Hartley （美国）

斯科特的作品透明系列，精致的褶皱，深浅搭配的颜色，并列的气泡格外抢眼，乍一看，以为是手画的。细石英晶体和金属氧化物呈现宇宙光泽、惊人的反射和鲜亮的色彩，清晰简洁的设计注入每个定制的作品中。用彩色玻璃构建复杂的细纹，以极大的精度创造完美的细节，从而发现玻璃性。

迈克尔·阿美   Michael Amis （美国）

迈克尔从伊利诺伊州立大学毕业后，创建了功能设计和混合介质工作室。他说："做雕塑时，我尽量保持灵活和意想不到的状态，试着让创造本身来说话，如木材、橡胶、皮毛、地毯、金属、海绵，创建抽象混合的结构组成，模拟现实世界，作品往往结合环境，使观众沉浸其中。我鼓励观众考虑关联的重要性和解释其影响，使用传统、非传统技术和当代手工吹制雕塑，把自己当成引领设计思潮的玻璃设计师和先锋人物。"

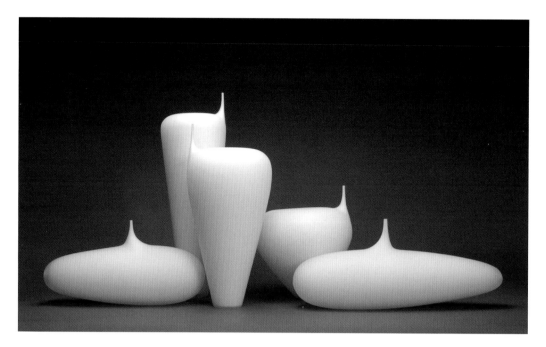

德文·伯吉斯 Devin Burgess （美国） 上

德文的手工吹制玻璃讲述了对形式、优雅和细节的关注。精心打磨的作品，想象战胜了实用，优雅解构了粗鄙，留下的是外观、颜色、材料、结构、美感。他既为自己也为别人发现优雅、拯救优雅、创造优雅、成为优雅。他说：要成为一个原创艺术家，最大的奥秘是要有关注形式的眼睛和凝神谛听的耳朵。

迈克尔·逊克 Michael Schunk （美国） 下

作品来自悠久的威尼斯风格和技法，相比传统，他的设计更加新颖，由此产生出复杂和强烈的视觉效果。

亚当·戈德堡　Adam Goldberg （美国）

亚当经常在街头进行玻璃吹制艺术的现场表演，作为一个艺术家，这是证明价值的最好方式。街头表演的形式展示了他在制作过程中的每一个步骤，生动的表现形式，为传递现代玻璃艺术做出了不可磨灭的贡献。

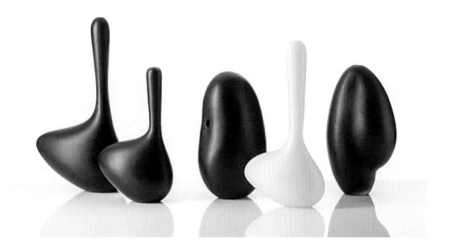

南希·卡伦　Nancy Callan（美国）　左

南希·卡伦是艺术大师Lino Tagliapietra的玻璃团队核心成员，
有着众多奖项和收藏履历，她精心设计的作品融合了童年的玩
具、漫画书、游戏元素，内容丰富多彩。她说："我试图平衡热
玻璃带来的挑战，我觉得第一次从炉中挑料充满了奇迹、乐趣
和创造。我相信游戏是必不可少的，不只是对艺术家，而是对
每个人。"

本杰明·埃多洛　Benjamin Edols（美国）　右

作品涉及冷热玻璃技术的两个过程，使用石头和钻石轮切削并
经吹制。缥缈的玻璃雕塑灵感源于对自然世界的近距离观察，
如物体的形状、颜色、纹理、流动性，种子、豆荚、叶片、
多汁的水果。本杰明进一步探索吹制玻璃后，通过线条表达概
念。玻璃是一种介质，他尝试使用原始元素，构建出令人振奋
的色彩和光线，探索有机的表面，制作出抽象有机形式、表面
装饰和强烈的高低起伏，把期冀带入生活。

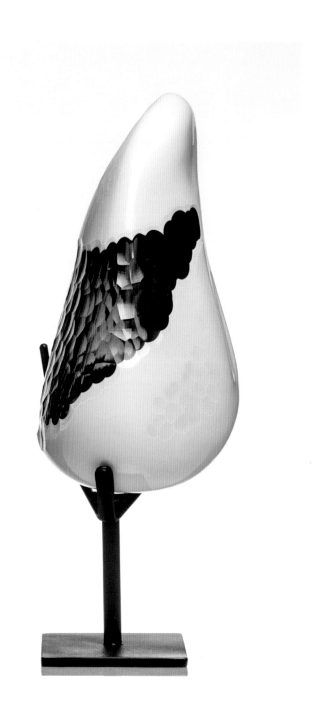

珀西·埃科尔斯 Percy Echols （美国）

珀西的套料玻璃作品是根据设计的需要，以白色玻璃为底，将粉红色玻璃加热至半流质状，粘接在器胎表面，刻出艳丽的花纹。套料玻璃的制作工艺有两种：一种是在玻璃胎上满套另一色料，之后在外层玻璃上雕琢花纹；另一种是将加热半熔的有色玻璃棒直接粘在胎上。套料是玻璃制作工艺史上的重要发明，是热成型和雕刻相结合的产物。此种方法制作出的器物既有玻璃质色美，又有纹饰雕刻的立体美，著名的波特兰花瓶就是采用这种套料浮雕技巧。

但丁·马里奥尼　Dante Marioni　（美国）

但丁·马里奥尼是当代最杰出的玻璃艺术家之一，他传承历史，而且在传承过程中不断完善和创新制造技术。一代又一代艺术家们的精湛技艺促成了这一传统，直到"威尼斯玻璃"成为卓越的代名词，成为玻璃艺术的巅峰。

这件作品采用威尼斯传统Murrine工艺，抽象的视觉、独特的纹理、缤纷的色彩以及图案设计的创造性是这件作品的特点。细如发丝的花纹制作起来比较复杂，该作品技法纯熟，图案井然有序，显示出工艺和图案的原创性，精致高雅又不失现代感。

莎依娜·雷柏 Shayna Leib （美国）

风和水，地球上两个强大的元素，人们意识到它们的抚慰和破坏的能力。人们看到的
不是它们的形式本身，而是间接地感知它们的形状及影响。

水的痕迹体现在对苔藓、海洋生物的触摸，风轻抚麦田和动物的皮毛，两股力量把它
们的生命力量展现得淋漓尽致。风和水的性格是矛盾的，变化无常的。

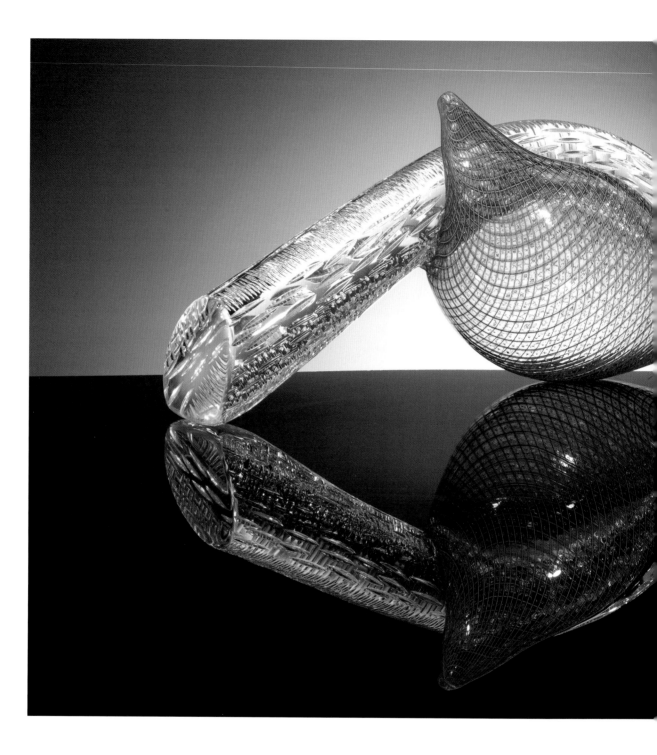

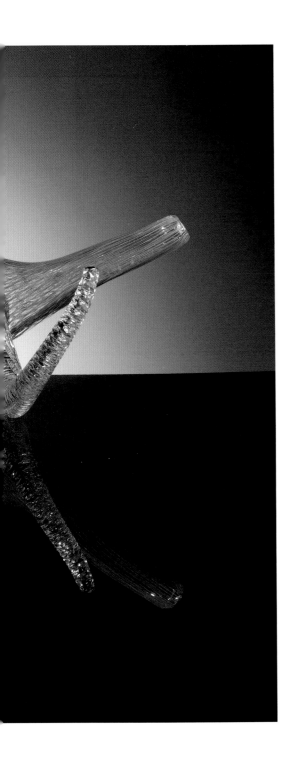

乔纳森·卡普斯　Jonathan Capps
（美国）

当代玻璃制造技术，拥有超越形式的功能和进入新领域的能力，使玻璃成为一种检验实践的艺术。作者说："我倾向于向观众展现玻璃特有的美丽。我的工作即探索、调查、体验玻璃材料的内在品质，挑战对玻璃持传统观点的理解，使它们扭曲成令人惊讶的状态。"

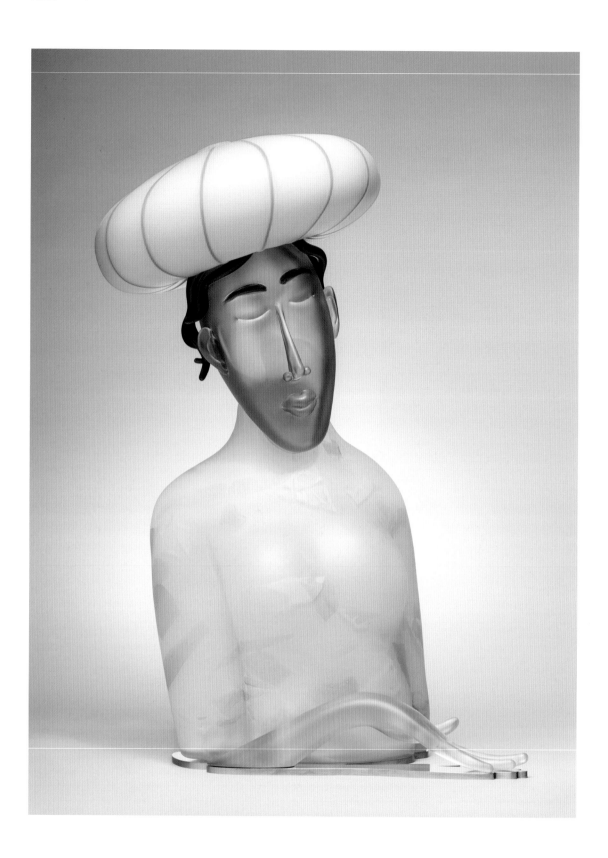

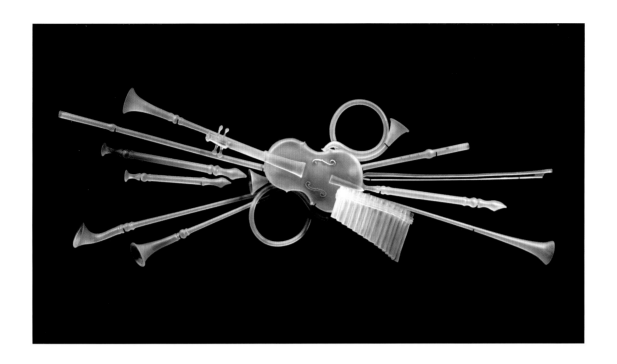

丹·戴利 Dan Dailey（美国） 左

戴利的玻璃生涯跨越了40多年，他经常教初学者入门级玻璃知识，以致很多学生不知道他是一个成功的艺术家。他对学生非常慷慨，他与德国艺术家奥托研究天然气、电力、实验照明，在麻省理工学院研究光的特质、轨道行星、彩虹空间。戴利着迷于他所认为的"魔法"吹制玻璃，经常用其他材料穿透玻璃的表面，挑战其脆性和可靠性。他早期的愿望是成为一个幽默的漫画家，所以他的大部分作品是色彩鲜艳的。他曾与意大利玻璃大师Lino共同创作，他说："光、颜色、透明、半透明、不透明都是可以通过玻璃媒介表达的，玻璃是无可替代的。"

马丁·吉内克 Martin Janecky （美国） 右

马丁的父亲是工厂的一名技术人员，生产餐具、花瓶等实用器皿。马丁发现了玻璃的迷人之处。他开始吹制玻璃时只有13岁，早期他的目标是学习技术，后期他成为艺术家。他在康宁玻璃博物馆、托莱多艺术博物馆 、Pilchuck玻璃学校和Penland工艺美术学院等地教学，在荷兰、土耳其、日本和印度等国家讲学。目前他在阿拉斯加等地工作和生活。

理查德·沙塔瓦　Richard Satava （美国）

鹦鹉螺系列以丰富的颜色描绘海底深处的印象。理查德·沙塔瓦创造了丰富的层次
色，各种金属氧化物，混合银、钴、硒、镉和其他金属，调出艳红、蓝、金属黑、水
蓝和绿色等，有着非凡的细节，每一件都是不使用模具吹制出来的。月亮水母是此系
列之一，也是他最成功的代表作之一。

罗伯特·麦科尔森 Robert Mickelson （美国）

两年的灯工经历，使罗伯特意识到玻璃对他有特殊的呼唤。从最普通的物品到复杂的
人体，他的作品对细节的把握是如此的精准。他巧妙地创造了枪械，甚至把弹药装
入弹匣。透过水晶闪烁的光芒，寻找心中的灵感。几个世纪以来，玻璃已被欣赏和重
视，艺术家也在实验和探索什么是可能的、非传统的形式和新技术。罗伯特对玻璃的
诠释和天赋，使他的作品与众不同，令人向往。

保罗·塞德 Paul Seide （美国） 左

保罗在美国威斯康星大学学习，获得了纽约艾格妮吹制玻璃工作室的证书。他的艺术意愿是以光形成雕塑。保罗被认为是霓虹灯技术的创新者，他的作品克服了语言障碍，用技巧使之完美，找到了一种可读的形式。

大卫·施瓦茨 David Schwartz （美国） 右

大卫的作品的目的是创造虚幻的空间。透明的玻璃覆盖在彩色玻璃上，利用抛面和蚀刻创造出空间的透视和光学变化。大卫是美国顶级艺术家，他的作品经过复杂的冷加工，在凹陷的表面喷上油漆，开辟了一个不断变化和重新组合的空间。

维克多·奇里乞亚　Victor Chiarizia　（美国）

英卡莫工艺是一个有 500 多年历史的威尼斯玻璃制造技术，维克多使用这种独特的技术，结合热玻璃、灯工玻璃与瓷釉创作了大型作品，复杂技巧的综合运用是他在玻璃技术上的一大创新，也是众所周知的一大贡献。意大利裔美国人的背景，加上无限的想象力，超现实主义风格的作品给人留下深刻印象。

兰迪·索林 Randi Solin （美国）

兰迪的作品融合了威尼斯吹制玻璃和美国玻璃工作室运动的影响，她的每件作品向观众展现了内在、触感、重量。光参与了着色过程，像树的年轮一样成为它的灵魂。兰迪·索林的非典型玻璃吹制表现手法，将大小玻璃颗粒、粉末、熔块，一层又一层地叠加，过程复杂而艰苦，创造着独一无二的着色技法。

史蒂芬·戴尔爱德华兹　Stephen Dale Edwards　（美国） 左

作品包含着丰富的元素，以美国人的生活方式为主题，使作品呈现一种史诗般的美轮美奂。除了具有美、和谐、自由与力量融合的魅力之外，还被赋予因某种失去而带来的痛苦情感。他的作品在美丽与丑陋之间、光明与黑暗之间、和谐与动荡之间、天使与魔鬼之间以不同的形式来回变换。而这正是他看待世界的方式，他寻求揭露那些"完美虚假"的表象背后"残酷和令人不快"的真相。

威廉·莫里斯　William Morris　（美国） 右

莫里斯是美国当代玻璃艺术的一面旗帜。他将思想注入玻璃，而不损害玻璃的美学性，给玻璃带来了一个全新的存在深度。有批评家写道：第一次看到威廉·莫里斯的作品，感到一种电流的刺激，不仅因为它们各自代表的艺术实力，而且也因为解读了它们，就像在无形的生物中一直在寻找我，终于找到我，找到我的一生。

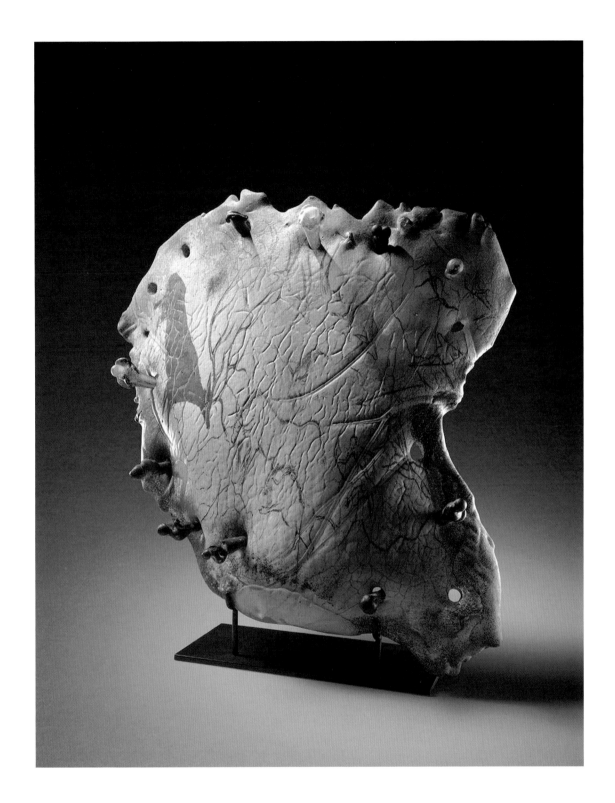

哈维·利特莱顿　Harvey Littleton　（美国） 左

哈维·利特莱顿在开创和推广美国玻璃工作室运动方面做出了不懈的努力，获得了国际赞誉和认可。1962年，在托莱多艺术博物馆的两个创新玻璃车间"诞生"了玻璃艺术工作室。近50年来，玻璃工作室运动成为一种国际现象。

芝加哥艺术学院　School of the Art Institute of Chicago　（美国） 右

芝加哥艺术学院是世界花球玻璃的收藏艺术馆之一，主要面向美国、法国和苏格兰，对二十世纪下半叶的玻璃制造起到重要的复兴作用。花球玻璃充分地展示了花球工艺、技术创新、复杂性和美感。花球玻璃在展示工艺的同时，也体现出作者的才华和创新能力。

约翰·利特尔顿和凯特·沃格尔　John Littleton and Kate Vogol　（美国）

约翰和凯特住在北卡罗来纳州山区，他们以吹制和铸造玻璃相结合，创造力与想象力相结合，创造了一系列有独特视角的生活物品。

让·皮埃尔·堪里斯　Jean Pierre Canlis　（美国）

1991年在夏威夷一所私立学校里，让·皮埃尔·堪里斯第一次拿起吹管。后来他在阿尔弗雷德大学研究玻璃。1993年的夏天，结识戴尔·奇胡利。接下来的九年中，他与戴尔·奇胡利，利诺·塔亚彼耶得拉等大师团队合作。1996年年初，他创建了Canlis玻璃公司，从事商业设计，在全球玻璃设计界享有盛誉。

阿达姆·肯尼　Adam Kenney（美国） 左
作者说，"我希望我创造的艺术可以给各种各样的人们带来享受。艺术世界激发我，看到有生命的心智、个性，感觉到活着，有不同的需要与他人分享"。

吉尼·拉芙娜　Ginny Ruffner（美国） 右
Ruffner是美国最有创意和最受欢迎的艺术家之一。她杰出的职业生涯超过三十年。Ruffner的作品主要表现为金属和灯工多种元素的大型有机融合。

布鲁斯·马克斯 Bruce Marks （南非） <small>左</small>

布鲁斯·马克斯的这组创作中有深深的非洲烙印，用抽象的形式语言，表达一个高度概括的鸟的形状。

尼克·芒特 Nick Mount （澳大利亚） <small>右</small>

尼克·芒特是澳大利亚玻璃艺术领军人物之一。玻璃工作室运动自 1960 年开始，在随后的几十年中，尼克·芒特为把玻璃作为一种艺术的载体做出了重大贡献。他定期在澳大利亚国家画廊和国家美术馆展览，在欧洲、美国和日本巡展。像许多吹制玻璃艺术家一样，从威尼斯传统吹制技法中获得灵感，着迷于玻璃的不可知性和挑战所需的技能。访问美国和穆拉诺岛的经历进一步启发了他创造性的探索研究，在技术和艺术成就上达到新的高度。

特维塔·哈维娅　Tevita Havea （澳大利亚） 左

作品成功地结合了作者所在的原始部落里祖先的相关技能，使用玻璃作为媒介。作者说"我是一个充满神话的古老文化的一部分，但我住在一个充满矛盾的现代世界里"。

利诺·塔亚彼耶得位　Lino Tagliapietra （捷克） 右

利诺是威尼斯玻璃艺术大师，被誉为"英雄"，他发挥了穆拉诺岛和美国国际间交流的关键作用。12岁时，他是大师Archimede Seguso的学徒，用现代艺术理念，通过威尼斯双年展、利用穆拉诺玻璃博物馆和当地资源，重现历史规模。25岁时，他赢得了大师的地位。接下来的25年，他对美国玻璃工作室运动起到影响，在Pilchuck玻璃学校任教期间，发起了意大利音乐家和美国玻璃艺术家团体的知识交换。他在旅游、教学、商业设计等各领域，技术资源不断扩大，结合现代实验、分层、套管以及濒临失传的意大利技法等成为一代功勋艺术家。

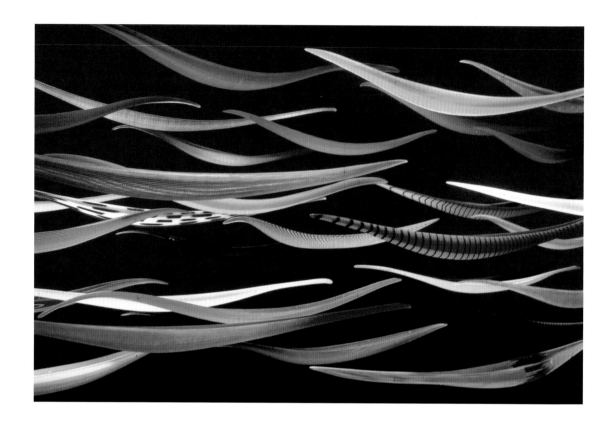

利诺·塔亚彼耶得拉　Lino Tagliapietra　（捷克）

利诺强调独立的设计方法。他最喜欢做的是研究，他改变了威尼斯的技术里只有偶发的现象，使技法更柔和、更人性化，更"威尼斯"。他自学了威尼斯玻璃，旨在把它作为一种独特的材料特征，可以融化吹模。他的作品难度很高，技巧复杂，把工匠对技术的分析和艺术家的即兴创作糅合在一起，共生关系密切。他提前草图设计，大部分的决策在炉前完成。

利诺花了一个星期时间在麻省理工学院的玻璃实验室探索计算机建模技术。在克莱斯勒艺术博物馆，他创造了一个难以想象的、复杂的玻璃装置。他参加了吹玻璃的游行，庆祝国际非营利性玻璃学校诞生。作品"三十五个船只悬挂在天花板上的无敌舰队"成为哥伦布艺术博物馆的标志。

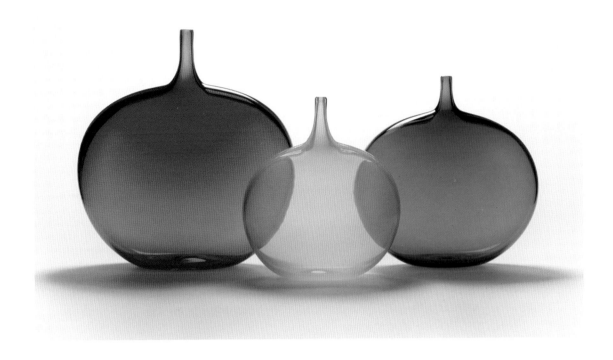

约翰·格西　John Geci（捷克）

约翰说，玻璃通常被描述为一种冰冷的液体，但是我更喜欢把它看成是静态的运动。我试着设计作品，保持它的熔融状态和有机的性格。主要使用透明的颜色、流畅的线条，突出材料的透明度、流动性和颜色潜力。想象我的作品安静地摆着，提升了所放置的环境的细节。

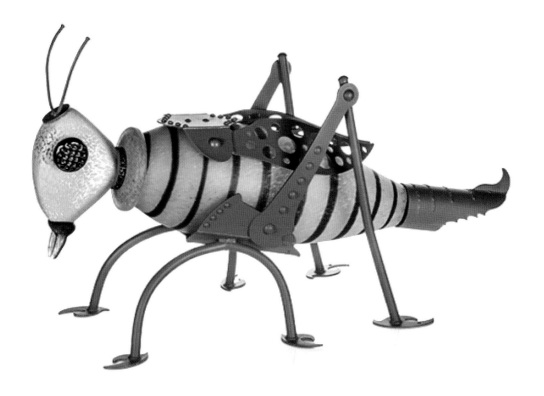

李圭烘 Lee Kyou Hong （韩国） 左

作品《自然地寂静》在现今科技发达网络畅行的年代，具有划时代的意义， 似乎在告诉人们"茫茫人海里，人群跟着人群，人们无时无刻不感到孤寂。停下来让我们好好沟通吧，否则人类的关系将日趋恶化，沦为新世纪科技的牺牲品。"

博罗夫斯基 Borowski （德国） 右

博罗夫斯基悦目的色彩、大胆的造型，关注生活中现实、具象的题材，以精湛的工艺表达着对生活的观察和思考，反映了艺术家丰富的创造力和精致的手工技艺。童话中的神秘生物在自然环境中展现出特殊神秘的魅力，完美地融合了光线、色彩和形态搭配， 从粗糙的沙粒到晶莹剔透的玻璃，与环境呈现出自然的关联。

孙即杰 （中国）

中国"孙氏琉璃鸡油黄"泰斗，中国内画艺术大师，中国玻璃艺术大师。作品造型独特，构思精巧，具有现代装饰感，古为今用，富有创新性。"鸡油黄"明初兴起，清代乾隆年间，宫廷造办处玻璃厂请博山工匠为宫廷制作贡品，称为"御黄"，又称"黄玉"。中国古代以黄为至尊之色，故明清两代"鸡油黄"料器只供皇家使用，色呈正黄色，光泽晶莹，温润凝重，抛光后，似被酥油浸透，鲜艳欲滴。欣赏鸡油黄不能局限于"宫廷"的外表，鸡油黄料器有很强的人文气息，散发着朴茂自然、古风浓郁的味道，观者于品味中获得美的享受。

龙迈艺术　Dragonpace　君悦酒店　马占春　（中国）

龙迈倡导"艺术介入空间、介入生活"，使艺术生活化、生活艺术化，既是艺术主张，也是对待生活的态度。艺术、商业、生活，三者集于一身。不管是商业化的艺术，或是艺术化的商业，提高审美情趣和审美能力的方式，要持续创新，有原创的设计突破，真正做到与众不同。龙迈认为，持续地参与艺术活动，对于社会、对于企业自身的文化前途，都是好的。

赵婷婷　（中国）

作品《白玉惊鸿》系列，采用古老长安鼓乐为创作素材，吸收了陕西和敦煌壁画的舞姿造型。取材于唐代舞蹈的集大成者，题为"天阙沉沉夜未央，碧云仙曲舞霓裳；一声玉笛向空尽，月满骊山宫漏长。"

赵婷婷 （中国）

《白玉惊鸿》系列的舞蹈、服饰着力描绘虚无缥缈的仙境和舞姿婆娑的神女形象，给人以身临其境的艺术感受。作者对舞姿作了细致的描绘。

刘立宇 （中国） *左*

借玻璃物性的延展以表达对人性的思考。"绚丽迷乱的花朵盛开在具有魅惑红色的高跟鞋中"，看似触手可及的美丽，不过是依托迷幻般脆弱的玻璃而存在。作品在唤起人们视觉关照的同时，又带来一种别样的心理状态。

赵江凌 （中国） *右*

"游"在天地山水之间，抒发了对自由翱翔的向往，找到心中那片属于"我"的桃花源。

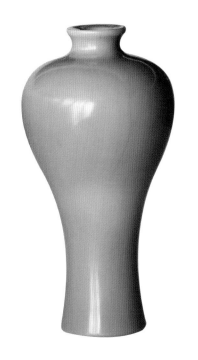

理查德·罗尔 Richard Royal （美国） 左

理查德被誉为世界上最有才华的玻璃艺术家之一，他在Pilchuck玻璃学校开始了艺术生涯，作品受到自然和大海的影响，他努力使复杂的形变简单。他说"把复杂的变成简单的，始终激励着我。"

西冶工坊 （中国） 右

以中国玻璃艺术大师王德鸿为代表的西冶工坊人，精湛地传承了清代撑钳工艺。有没有菊花底，是鉴别古琉璃、新琉璃、纯手工撑制、搅胎琉璃的标志。颜色和花纹有垛法、绞法、拧法，呈现变幻莫测的效果。西冶作品色泽纯净、温润如玉，屡次荣获国宴用品及航天员礼品殊荣，精彩地诠释了自明清几百年来"珍珠玛瑙翠，琥珀琉璃街"的内涵。

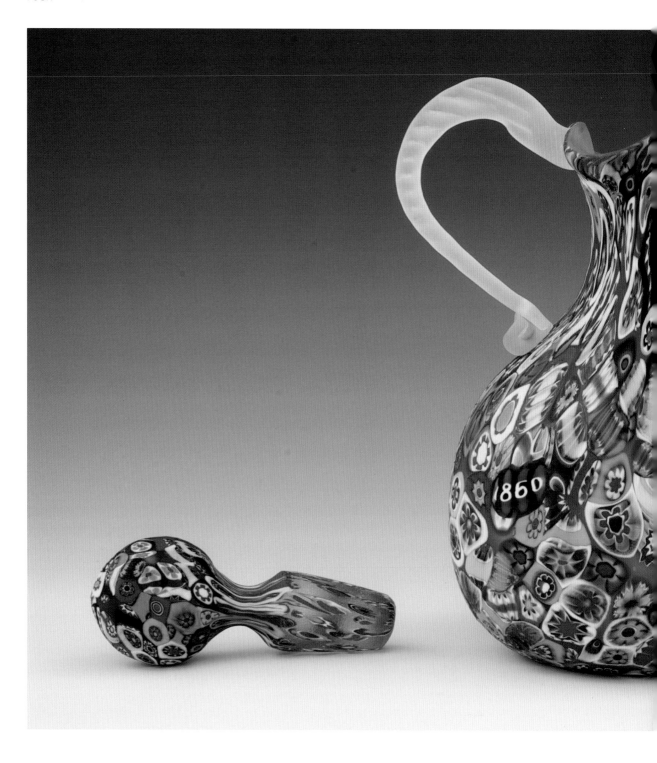

乔治·塔弗尼地 Giorgio Taveniti （意大利）

作品采用意大利繁花工艺制作，和中国减地珐琅技艺（金地景泰蓝）有异曲同工之妙。欧式图案规则排列组合，创造出绚丽夺目的效果。变换多样的几何形式宛若万花筒，不同的形状和颜色的组合，如神话般的纯朴和圆满。万花筒是平面的，生命是立

体的；世上没有两个完全一样的生命。微花世界其实就是"多姿生命"的隐喻。艺术
家运用与众不同的表现形式，充满灵感的创作思路以及独辟蹊径的艺术构思，充分展
示了作品的主题——创新完美。

大卫·萨尔瓦多　Davide Salvadore　（意大利）

大卫·萨尔瓦多擅长以生动的视觉语言，对传统的非洲符号进行重新诠释，为其注入新的活力。"透明古柯叶"运用大地色系，并用鲜艳的色彩加以点缀，作品某些部位具有强烈的雕刻感，散发着韵律感，有机形态令人叹为观止。

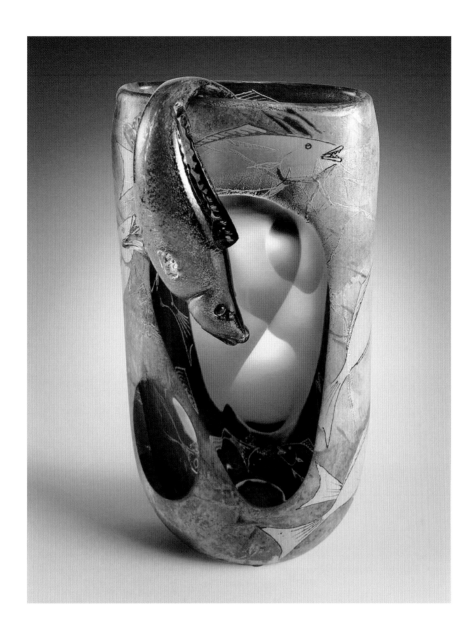

山野浩　Hiroshi Yamano　（日本）

"日本是一个四季分明的国家，我对周围的自然世界有很强的意识。长大后，发现自己想花更多的时间感受自然界带来的心灵的平静。在日本的美丽风景中遇到的简单和安静，正是我的这种艺术美的反映。自然，是我创造力的源泉，我想解释与大自然之间密切联系的感觉，通过它，与观众分享日本不断变化的季节的美丽。"

大平洋一　Yoichi Ohira　（日本）

作品器形饱满，一面施以平整的规则吹制，另一面施以波状吹制，是正反两个不同的世界。饱满的体型和紧缩的细小瓶颈及口部形成对比。颈部为水晶玻璃，用精湛的刀法，施以细密的水纹。颈部以下的器体，包裹着以象牙色玻璃作底的不透明玻璃，器身全面施以千万颗大小不一的彩色玻璃粒。上面覆盖透明的叶片水晶层，再在叶片上交织透明的天蓝色和海蓝色两种玻璃颗粒的叶脉纹路。

藤田乔平　Heinrich Wang　（日本）

藤田乔平是日本的艺术学院唯一任命的先锋玻璃艺术家，带动了日本玻璃工作室运动。作为一个独立的艺术家，最出名的是他的玻璃盒子和复杂的表面装饰。抽象设计、意大利的玻璃技法，结合日本17至18世纪漆器盒子的传统装饰，使每个玻璃盒子具有独特的颜色和形状。看起来像在一个粗糙的盒子上进行装饰，实际上是在光滑的玻璃上进行的。

法碧娜·皮克 Fabienne Picaud （法国）

法碧娜·皮克受到加莱的影响，作品中饱含柔美的元素。她的创作灵感源自加莱的
一句话：我们的根深植于森林间的土地上。这件 Living Shy Tree（盎然含羞树）是
这句话的完整表达。她的作品以她与玻璃材料的沟通表达了人与人之间的沟通。她
说，"玻璃非常有力量，可以呈现出任何的形状、颜色，呈现无限的可能性。"

▲ 与著名玻璃艺术家David Reekie教授研习玻璃铸造技法

▲ 与美国波士顿Diablo玻璃艺术学校Sean Clarke校长和金树立院长在亚太雕塑展上

▲ 与中国日用玻璃协会专家团评审中国耐热玻璃生产基地

▲ 与捷克艺术家Pavlina Cambalova探讨玻璃雕刻工艺

▲ 与美国康宁玻璃博物馆主席和执行馆长Karol Wright会议研讨

▲ 为捷克玻璃艺术大师Janak教授担任课程翻译

▲ 为英国桑德兰大学Mark Hursty博士担任翻译教学

▲ 与艺术家Jee Yong Lee和Jennifer Crescuillo探讨玻璃冷加工工作室运营模式

▲ 与玻璃艺术家Carol Milne和艺术家Elina Salonen合影

▲ 担任首届"博山杯"中国陶瓷琉璃艺术大奖赛主讲嘉宾

▲ 与中国工艺玻璃之都代表团考察德国、日本主创设计品牌

参考文献

[1]　大卫·怀特豪斯著. 玻璃艺术简史. 杨安琪译. 北京：中国友谊出版公司，2016.

[2]　关东海编著. 现代艺术玻璃吹制技巧. 沈阳：辽宁美术出版社，2007.

[3]　韩熙著. 玻璃造型艺术教程. 杭州：浙江人民美术出版社，2009.

[4]　庄小蔚著. 铸造诗意玻璃艺术创作方法论研究. 上海：上海书店出版社，2008.

[5]　王建中著. 世界现代玻璃艺术. 石家庄：河北美术出版社，2004.

[6]　戴舒丰编著. 玻璃艺术. 北京：清华大学出版社，2005.

[7]　王承遇，陶瑛编著. 艺术玻璃和装饰玻璃. 北京：化学工业出版社，2009.

[8]　王承遇，张梅梅，毕洁，汤华娟编著. 日用玻璃制造技术. 北京：化学工业出版社，2014.

[9]　萧泰，成乡著. 现代玻璃艺术设计. 上海：上海书店出版社，2011.

[10]　王敏编著. 玻璃器皿鉴赏宝典. 上海：上海科学技术出版社，2011.

[11]　刘刚编著. 外国玻璃艺术. 上海：上海书店出版社，2004 .

[12]　段国平编著. 砂雕艺术玻璃. 郑州：黄河水利出版社，2000.

[13]　刘忠伟，罗忆著. 建筑装饰玻璃与艺术. 北京：中国建材工业出版社，2002.

[14]　王义锋著. 百工录—玻璃艺术. 南京：江苏美术出版社，2015.

[15]　Burke.Glass Blowing：A Technical Manual.The Crowood Press Ltd，2010.

[16]　Keil. Bontemps on Glass Making. Society of Glass Technology，2012.

[17]　Mark Pickvet. The Encyclopedia of Glass.Schiffer Publishing Ltd，2009.

[18]　Antonio, Neri. The Art of Glass. Society of Glass Technology，2012.

[19]　Debbie Coe. Fenton Art Glass. Schiffer Publishing Ltd，2011.

[20]　Anne Kramer. Learn How to Blow Glass.Psylon Press，2010.

[21]　Beveridge. Warm Glass.Lark Books，2015.